1 〈1年〉 光・音の性質

重要ポイント TOP3

光の屈折
異なる物質どうしの境界で，光が曲がる現象。

焦　点
凸レンズの軸に平行な光は，凸レンズで屈折して焦点に集まる。

振動数
1秒間に振動する回数。振動数の単位はヘルツ（記号 Hz）。

[　　月　　日]

1 光の反射と屈折

(1) 光の反射……光が鏡などの面にあたってはね返ることを光の反射といい，このとき，入射角と反射角は等しくなる。これを光の反射の法則という。

(2) 光の屈折……光が異なる物質どうしの境界へ斜めに進むとき，境界面で光は曲がる。このことを光の屈折という。

(3) 全反射……光が水中やガラス中から空気中へ進むとき，入射角が大きいと光はすべて反射する。これを全反射という。
　　　　　　　↳ 屈折して進む光はない

入射〜 屈折角

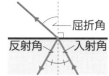
屈折角／反射角／入射角

2 凸レンズのはたらき

(1) 焦　点……凸レンズの軸に平行な光は，凸レンズを通ると一点に集まる。この点を焦点という。
　　　↳ 光軸ともいう
　　　↳ 凸レンズの前後に2つある

(2) 実　像……物体が焦点より遠くにあるとき，凸レンズを通った光が集まって実像をつくる。
　　　物体と上下左右が逆↵

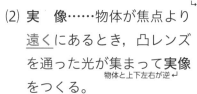

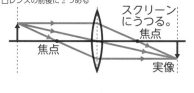
スクリーンにうつる。／焦点／焦点／実像

(3) 虚　像……物体が焦点より近くにあるとき，凸レンズを通して虚像が見える。
　　　↳ 物体と上下左右が同じ

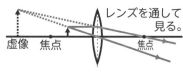
レンズを通して見る。／虚像　焦点　焦点

3 音の大きさと高さ

(1) 音の大きさ……振幅が大きいほど，音は大きい。

(2) 音の高さ……振動数（1秒間に振動する回数）が多いほど，音は高い。振動数の単位はヘルツ（記号 Hz）。

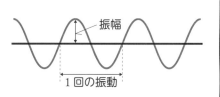
振幅／1回の振動

〜点アップ〜 〜方

① 光の直進
光源から出た光は直進する。

光源／線香の煙／水槽

② 乱反射
物体の表面に凹凸があるとき，さまざまな方向に反射する。

光

③ 光の屈折
水中の物体は浮かんで見える。

水面で屈折する／目／カップ

光の性質の利用

★ 光ファイバー
全反射を利用した装置。

全反射しながら進行する／繊維／ガラス／光

サクッと練習

目標時間10分

　　　　分

1 右の図のように，光源装置から出た光を鏡にあてたところ，鏡の面ではね返って進みました。次の問いに答えなさい。

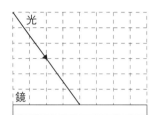

(1) 光が鏡などの面にあたってはね返ることを何といいますか。

[　　　　　　　　]

(2) 鏡の面ではね返ったあとの光の道筋を，図に描き加えなさい。

2 右の図の装置で，物体（火のついたろうそく）と凸レンズの距離を 24 cm，凸レンズとスクリーンの距離を 24 cm にしたとき，スクリーン上に物体の像がはっきりとうつりました。次の問いに答えなさい。

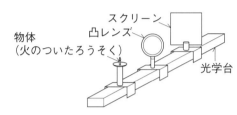

(1) この実験でできた像を何といいますか。

[　　　　　　　　]

(2) この実験でできた像の大きさと向きは実物と比べてどうなっていますか。

像の大きさ [　　　　　　　]　　像の向き [　　　　　　　]

(3) この実験で使った凸レンズの焦点距離を求めなさい。

[　　　　　　　]

(4) 実験の位置より，物体を凸レンズから遠ざけると，はっきりとした像がうつるスクリーンの位置と像の大きさは実験と比べてどうなりますか。

スクリーンの位置 [　　　　　　　　　　]

像の大きさ [　　　　　　　　　　]

下の「ココ注意！」を見よう！

3 モノコードの弦をはじいた音の波形をオシロスコープで見ると，右図のようになりました。次のようにモノコードをはじくと，音の波形はどうなりますか。A～Dの記号で答えなさい。

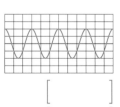

(1) 弦を強くはじく。

[　　　　　　　]

(2) 弦の長さを長くする。

[　　　　　　　]

A
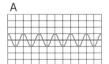

B
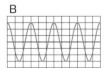

C
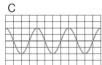

D
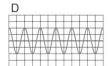

ろうそくとスクリーンがそれぞれ焦点距離の2倍の位置のとき，実像は実物と同じ大きさになる。

2 〈1年〉 力のはたらき

1 力

(1) **力のはたらき**……物体を<u>変形</u>させる。物体を<u>支える</u>。物体の<u>動き（運動の状態）</u>を変える。

(2) **力の表し方**……力の三要素である力の<u>大きさ</u>，力の<u>向き</u>，<u>作用点</u>（力のはたらく点）を矢印で表す。

力の向き　作用点　力の大きさ

(3) **いろいろな力**……重力，垂直抗力（こうりょく），摩擦力（まさつりょく），弾性の力（弾性力）（だんせい），磁石の力（磁力），電気の力など。

(4) **力の大きさ**……単位は<u>ニュートン</u>（記号 <u>N</u>）。**1 N** は，100 g の物体にはたらく<u>重力</u>の大きさとほぼ等しい。

(5) **フックの法則**……ばねの伸び（の）はばねを引く力の大きさに**比例**する。これを<u>フックの法則</u>という。

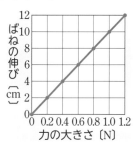

ばねの伸び〔cm〕
12
10
8
6
4
2
0　0.2 0.4 0.6 0.8 1.0 1.2
力の大きさ〔N〕

(6) **重さと重力**……<u>重さ</u>は物体にはたらく重力の大きさで，場所によって異なる。<u>質量</u>は物体そのものの量で，場所によって変化しない。

2 2力のつりあい

(1) **2力のつりあい**……静止している物体に 2 力がはたらいているとき，この 2 力は<u>つりあっている</u>という。

(2) **2力がつりあう条件**……次の 3 つの条件がそろったときに 2 力はつりあう。

・2 力は<u>一直線上</u>にある。（作用線が一致する）
　└→作用点を通り，力の方向に引いた直線
・2 力の向きは<u>反対</u>である。
・2 力の大きさは<u>等しい</u>。

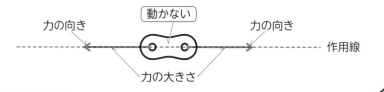

力の向き　　　動かない　　　力の向き
力の大きさ　　　　作用線

得点アップ

力の表し方

① 力の大きさ
　1 本の矢印で表す。

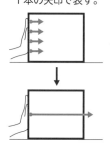

② 重 力
　地球の中心に向かう。

鉛直方向（えんちょく）
地球
地球の中心

2力のつりあい

① 2 力が一直線上にない場合
　物体は回って止まる。

② 2 力の大きさが異なる場合
　物体は大きいほうの力の向きに動く。

サクッと練習

目標時間10分
分

1 右の図は，ばねＡ，ばねＢにはたらく力の大きさとばねの伸びとの関係を表したグラフです。次の問いに答えなさい。ただし，100gの物体にはたらく重力の大きさを1Nとします。

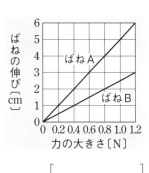

(1) ばねＡに50gのおもりをつるしたときのばねの伸びは何cmですか。　[　　　　　　]

(2) ばねＢの伸びが4cmのとき，つるした物体の質量は何gですか。

[　　　　　　]

2 右の図のように，机の上に本を置きました。この本にはたらく力について，次の問いに答えなさい。

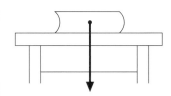

(1) 図の下向きの矢印で表された力を何といいますか。

[　　　　　　]

(2) 机の上に置かれた本は，机から上向きの力を受けます。この力を何といいますか。

[　　　　　　]

(3) この本は動かないで静止しています。このとき，(1)と(2)の力の関係は，どのようになっていますか。

[　　　　　　　　　　　　　　　　　　　　　　　　]

(4) 本を水平方向におしても動かないとき，本は机の面から力を受けます。この力を何といいますか。また，この力は，おす力に対してどの向きにはたらきますか。

名称[　　　　　　]　向き[　　　　　　]

3 右の図は，それぞれの物体に2力がはたらいているようすを表しています。次の問いに答えなさい。

ア　　　　　イ　　　　　ウ

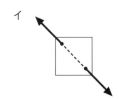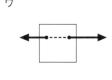

(1) 物体が動かないものはどれですか。図のア〜ウから1つ選びなさい。[　　　　　　]

(2) 2力がつりあっているとき，次の3つの条件をすべて満たしています。（　）にあてはまる言葉をそれぞれ書きなさい。

・2力の大きさは（ ① ）。　・2力の向きは（ ② ）である。　・2力は（ ③ ）にある。

①[　　　　　]　②[　　　　　]　③[　　　　　]

 静止している物体にはたらく力はつりあっている。

3 〈1年〉 身のまわりの物質

重要ポイント TOP3

有機物	金属	密度
炭素を含む物質。燃やすと二酸化炭素が発生する。	電気をよく通し、熱をよく伝える。みがくと金属光沢が出る。	物質1 cm³ あたりの質量。

1 ガスバーナー

★ **使い方**……2つのねじが閉まっていることを確認してから元栓を開く。マッチに火をつけ、斜め下から火を近づけ、ガス調節ねじを開き、点火する。炎の大きさを調節してから、空気調節ねじを開き、青色の炎にする。
　↳ガス調節ねじが回らないようにする

2 身のまわりの物質

(1) **有機物と無機物**……炭素を含む物質を有機物といい、それ以外の物質を無機物という。
　↳二酸化炭素は炭素を含むが無機物である

(2) **金属と非金属**……電気をよく通し、熱をよく伝える。みがくと金属光沢が出る。たたくとうすく広がり（**展性**）、引っ張ると細くのびる（**延性**）。これらの性質をもつ物質を金属といい、金属以外の物質を非金属という。

(3) **プラスチック**……合成樹脂ともよばれ、**石油**を原料として人工的につくられた**有機物**。

(4) **密　度**……物質1 cm³ あたりの質量。

$$密度〔\mathbf{g/cm^3}〕= \frac{物質の質量〔\mathbf{g}〕}{物質の体積〔\mathbf{cm^3}〕}$$

3 いろいろな気体

(1) **集め方**……水に溶けにくい気体は水上置換法、水に溶けやすく空気より密度が小さい気体は上方置換法、水に溶けやすく空気より密度が大きい気体は下方置換法で集める。
　　　空気より軽い↵　　　　　　　空気より重い↵

(2) **気体の性質**

性質＼気体	酸　素	水　素	二酸化炭素	アンモニア	窒　素
に お い	なし	なし	なし	刺激臭	なし
水に対する溶け方	溶けにくい	溶けにくい	少し溶ける	よく溶ける	溶けにくい
空気に対する重さ	少し重い	非常に軽い	重　い	軽　い	少し軽い
水溶液の性質			酸　性	アルカリ性	

得点アップ

ガスバーナーの使い方

★ **火の消し方**
空気調節ねじ、ガス調節ねじ、コック、元栓の順に閉じる。

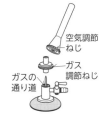

気体の集め方

① **水上置換法**

② **上方置換法**

③ **下方置換法**

気体の発生方法

★ **酸　素**

サクッと練習

⏱ 目標時間10分

___ 分

1 右の図のガスバーナーについて，次の問いに答えなさい。

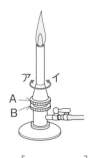

(1) A，Bのねじの名称をそれぞれ答えなさい。

A [　　　　　　　　] B [　　　　　　　　]

(2) A，Bのねじを開く向きは，ア，イのどちらですか。

[　　　　　　　]

(3) ガスバーナーの炎がオレンジ色のとき，A，Bどちらのねじを開くとよいですか。

[　　　　　　　]

2 次のア～オの物質の性質について，次の問いに答えなさい。

ア 砂糖　　イ 鉄　　ウ プラスチック　　エ ガラス　　オ 銅

(1) 電気を通す物質を，ア～オからすべて選びなさい。 [　　　　　　　]

(2) (1)の物質を何といいますか。 [　　　　　　　]

(3) 燃やすと二酸化炭素が発生する物質を，ア～オからすべて選びなさい。

[　　　　　　　]

(4) (3)のような物質を何といいますか。 [　　　　　　　]

(5) 銅 50.0 cm³ の質量は 448 g である。銅の密度を求めなさい。 [　　　　　　　]

3 次の表のA～Dの気体は，酸素，二酸化炭素，アンモニア，水素のいずれかです。このとき，次の問いに答えなさい。

	におい	空気と比べた重さ	水への溶けやすさ
A	な い	重 い	少し溶ける
B	刺激臭	軽 い	非常によく溶ける
C	な い	少し重い	溶けにくい
D	な い	非常に軽い	溶けにくい

(1) B，Cの気体の集め方をそれぞれ答えなさい。

B [　　　　　　　] C [　　　　　　　]

(2) A～Dの気体はそれぞれ何ですか。

A [　　　] B [　　　] C [　　　] D [　　　]

 水に溶けやすい気体は，空気より密度が小さいか大きいかで，上方置換法か下方置換法で集める。

重要ポイント TOP3

溶 液	飽和水溶液	溶解度
溶質が溶媒に溶けたもの。溶媒が水のときを水溶液という。	一定量の水に溶質が限度まで溶けている水溶液。	100 g の水に溶ける物質の最大限度の質量。

〈1年〉

4 水溶液

1 物質の水への溶け方

(1) 水溶液……液体に溶けている物質を溶質，溶質を溶かしている液体を溶媒，溶質が溶媒に溶けた液を溶液という。溶媒が水の溶液を水溶液という。

(2) 水溶液の性質……有色と無色のものがあるが，どちらも透明で，濃さはどの部分も同じ（一様）である。
└→時間がたっても変わらない

2 水溶液の濃さ

★ 質量パーセント濃度

$$質量パーセント濃度 〔\%〕 = \frac{溶質の質量〔g〕}{溶液の質量〔g〕} \times 100$$

$$= \frac{溶質の質量〔g〕}{溶媒の質量〔g〕 + 溶質の質量〔g〕} \times 100$$

3 溶解度

(1) 飽和水溶液……一定量の水に溶質がそれ以上溶けない状態を飽和状態といい，その水溶液を飽和水溶液という。

(2) 溶解度……物質を 100 g の水に溶かして飽和水溶液にしたときの，その物質の質量。物質によって決まっている。
└→水温によって変わる

(3) 結 晶……純粋な物質で規則正しい形をした固体。
└→食塩の結晶は立方体

(4) 再結晶……物質を溶媒に溶かし，溶液の温度を下げたり，溶媒を蒸発させたりして再び結晶としてとり出す操作。

(5) 混合物……2 種類以上の物質が混ざり合ったもの。

(6) 純物質……1 種類の物質でできているもの。

得点アップ

物質の溶け方

★ 物質が水に溶けるようす

物質が水に溶けると，小さな粒になり，水の粒子と均一に混ざり合う。

溶質のとり出し方

① ろ 過

ろ紙などを使って固体と液体を分けること。

② 結 晶

食塩

ミョウバン

ホウ酸

硝酸カリウム

硫酸銅

サクッと練習

 [　月　日]

目標時間10分 ⏱(10) □分

 1 ビーカーに入れた水に食塩を入れ，完全に溶かして食塩水をつくりました。次の問いに答えなさい。

食塩水

(1) 食塩のように，水に溶けている物質を何といいますか。[　　　　　]

(2) 水のように，物質を溶かしている液体を何といいますか。[　　　　　]

(3) 食塩水のように，水に物質が溶けた液を何といいますか。[　　　　　]

(4) 食塩水の濃さはどのあたりが最も濃いですか。[　　　　　]

 2 水420gに砂糖80gを完全に溶かしてできた砂糖水Aと水340gに砂糖60gを完全に溶かしてできた砂糖水Bがあります。次の問いに答えなさい。

A 砂糖80g　B 砂糖60g
水420g　水340g

(1) 砂糖水Aと砂糖水Bはどちらが濃いですか。記号で答えなさい。[　　　　　]

(2) 砂糖水Aに砂糖を25g加えて完全に溶かすと，質量パーセント濃度は何%になりますか。[　　　　　]

(3) 砂糖水Bに水を100g加えて完全に溶かすと，質量パーセント濃度は何%になりますか。[　　　　　]

 3 右の図は，100gの水に溶ける物質の質量と温度との関係を表したグラフです。次の問いに答えなさい。

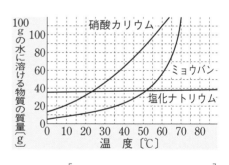

(1) 20℃の水100gに最も多く溶かすことができる物質は硝酸カリウム，ミョウバン，塩化ナトリウムのうちどれですか。

[　　　　　]

(2) 60℃の水100gに物質を溶かして飽和水溶液をつくり40℃まで冷やしたとき，結晶が最も多く出てくる物質はどれですか。[　　　　　]

 (3) 塩化ナトリウムの水溶液から結晶を多くとり出すにはどのようにすればよいですか。

[　　　　　　　　　　　　　　　　　　　　　　　　　　　　]

 水溶液中で，溶質は水に均一に溶けている。

5 物質の状態変化

重要ポイント TOP3

状態変化	融点(沸点)	蒸留
物質が温度によって固体，液体，気体と変化すること。	物質が固体(液体)から液体(気体)に変化する温度。	気体にした物質を冷やして，再び液体にして集める方法。

1 物質の状態変化

(1) **状態変化**……物質が，温度によって，固体，液体，気体と状態を変えること。物質を**加熱**すると，固体→液体→気体と変化し，物質を**冷却**すると，気体→液体→固体と変化する。

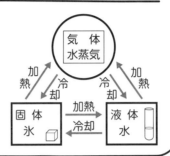

2 状態変化と体積・質量

(1) **状態変化と粒子**……物質が**状態変化**するとき，物質をつくる粒子の運動のようすが変化する。

(2) **状態変化と体積・質量**……物質の温度が上がると粒子の運動が激しくなり，物質の**体積**が大きくなる。しかし，粒子の数は変わらないので，物質の**質量**は変わらない。

3 状態変化と温度

(1) **融点・沸点**……固体の温度を上げていくと，ある温度で液体に変化する。この温度を融点という。**液体**の温度を上げていくと，ある温度で気体に変化する。この温度を沸点という。水の**融点**は 0 ℃，**沸点**は 100 ℃ であり，物質の種類によって**融点・沸点**は決まっている。

(2) **蒸留**……液体を加熱して沸騰させ，出てくる気体を冷やして再び液体にして集める方法を蒸留という。例えば，水とエタノールのような沸点の異なる物質の混合物を分離するときに利用される。
　　↳沸騰石を入れて加熱する

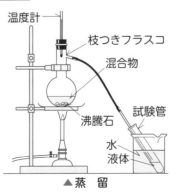

温度計
枝つきフラスコ
混合物
沸騰石
試験管
水
液体

▲ 蒸　留

得点アップ

物質の状態変化

① エタノールの状態変化

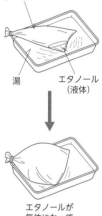

袋を湯につける
湯
エタノール（液体）

エタノールが気体になって，袋がふくらむ。

② 物質の状態と粒子の運動

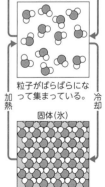

気体（水蒸気）
粒子は離れて自由に動き回っている。

液体（水）
粒子がばらばらになって集まっている。

固体（氷）
粒子が規則正しく並んでいる。

加熱　冷却

サクッと練習

 1 ポリエチレン袋にエタノールを入れ，袋の中の空気を抜いて口を密閉し，袋に湯をかけました。次の問いに答えなさい。

少量のエタノールを入れたポリエチレン袋

(1) ポリエチレン袋はどうなりますか。 [　　　　　　　　]

 (2) (1)のようになったのはなぜですか。

[　　　　　　　　　　　　　　　　　　　　　　　　　　]

 2 図1の実験装置でエタノールを加熱したところ，図2のような温度の変化になりました。次の問いに答えなさい。

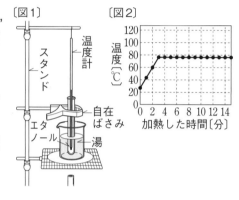

〔図1〕スタンド／温度計／自在ばさみ／エタノール／湯

〔図2〕温度〔℃〕／加熱した時間〔分〕

(1) 図2のグラフの平らな部分の温度を何といいますか。 [　　　　　　　　]

(2) エタノールの量を2倍にすると，(1)の温度はどのようになりますか。

[　　　　　　　　]

 3 右の表は，水，エタノール，水銀の融点と沸点を表しています。次の問いに答えなさい。

物　質	融点〔℃〕	沸点〔℃〕
水	0	100
エタノール	−115	78
水　銀	−39	357

(1) 90℃のとき，気体である物質はどれですか。 [　　　　　　　]

(2) 200℃のとき，液体である物質はどれですか。 [　　　　　　　]

 4 右の図のような装置で，水 17 cm³ とエタノール 3 cm³ の混合物を加熱し，出てきた液体を 2 cm³ ずつ3本の試験管に集めました。次の問いに答えなさい。

温度計／エタノールと水の混合物／枝つきフラスコ／試験管／沸騰石

(1) 1本目の試験管に多く含まれている液体は何と考えられますか。 [　　　　　　　]

(2) この実験のように，液体を加熱して沸騰させ，出てきた気体を冷やして再び液体にしてとり出す方法を何といいますか。 [　　　　　　　]

> ココ注意！ 物質が沸騰する温度は物質によって決まっている。

6 植物のつくり

重要ポイント TOP3

被子植物	裸子植物	根 毛
種子植物のうち，子房の中に胚珠がある植物。	種子植物のうち，子房がなく胚珠がむき出しの植物。	根の先端近くにあり，水や水に溶けた養分を吸収しやすくする。

1 顕微鏡

★ 顕微鏡の使い方……反射鏡としぼりを調節して，視野を明るくする。
└倍率＝対物レンズの倍率×接眼レンズの倍率

横から見ながら調節ねじを回して，対物レンズをプレパラートに近づける。ぶつからないように気をつける 接眼レンズをのぞいて，対物レンズをプレパラートから離しながらピントを合わせる。

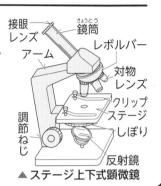

▲ ステージ上下式顕微鏡

接眼レンズ／鏡筒／レボルバー／対物レンズ／クリップ／ステージ／しぼり／反射鏡／アーム／調節ねじ

2 花のつくりとはたらき

(1) 花のつくり……外側から順に，がく，花弁，おしべ，めしべがついている。おしべの先端のやくに花粉が入っている。めしべの先端を柱頭，根もとのふくらんだ部分を子房という。種子をつくる種子植物のうち，子房の中に胚珠がある植物を被子植物といい，子房がなく胚珠がむき出しの植物を裸子植物という。
└アブラナ，タンポポなど
└マツ，スギなど
(粘り気があり花粉がつきやすい)

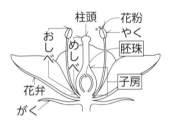

柱頭／花粉／やく／胚珠／おしべ／めしべ／子房／花弁／がく

(2) 花のはたらき……花粉が柱頭につくことを受粉という。受粉すると，子房は果実になり，胚珠は種子になる。
└裸子植物には子房がないので果実はできない

3 根のつくりとはたらき

(1) 根のはたらき……植物のからだを支え，土の中から水や水に溶けた養分を吸収する。

(2) 根のつくり……タンポポの根は，太い主根と，そこから枝分かれした細い側根からなる。イネの根は，細かく枝分かれしたひげ根からなる。根の先端近くにある小さな毛のようなものを根毛といい，根と土のふれる面積を大きくして，水や水に溶けた養分を吸収しやすくしている。

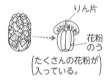
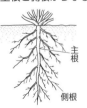

[　月　　日]

目標時間10分

□分

1 右の図のような顕微鏡について，次の問いに答えなさい。

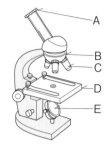

(1) A～Eの部分の名称を答えなさい。

A [　　　　　　　　]

B [　　　　　　　] C [　　　　　　　]

D [　　　　　　　] E [　　　　　　　]

(2) Aのレンズに「15×」，Cのレンズに「20」と記されているとき，
顕微鏡の倍率は何倍ですか。　　　　　[　　　　　　　]

2 図1は被子植物の花，図2はマツの雌花のりん片を表
したものである。次の問いに答えなさい。

〔図1〕　　　〔図2〕

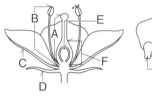

(1) A～Gの部分の名称を答えなさい。

A [　　　　　　] B [　　　　　　]

C [　　　　　　] D [　　　　　　]

E [　　　　　　] F [　　　　　　] G [　　　　　　]

(2) A～Gの中で，受粉後，種子と果実になる部分をそれぞれすべて選びなさい。

種子 [　　　　　　　] 果実 [　　　　　　　]

(3) 種子をつくる植物を何といいますか。　　　　[　　　　　　　]

(4) 被子植物を次のア～エから１つ選びなさい。　　[　　　　　　]

ア イチョウ　　イ サクラ　　ウ ソテツ　　エ スギ

3 右の図のA，Bは，2種類の植物の根のつくりを表したも
のである。次の問いに答えなさい。

(1) 図のア～ウの部分の名称を答えなさい。

ア [　　　　　　] イ [　　　　　　] ウ [　　　　　　]

(2) トウモロコシの根は，図のA，Bのどちらですか。　[　　　　　]

(3) 根の先端近くにある小さな毛のようなものを何といいますか。[　　　　　]

(4) (3)のつくりがあることは，どのような点で都合がよいですか。

[　　　　　　　　　　　　　　　　　　　　　　　　　]

裸子植物に子房はないので，受粉しても果実はできない。

7 〈1年〉 植物・動物のなかま分け

重要ポイント TOP3

シダ植物・コケ植物	セキツイ動物	無セキツイ動物
種子をつくらず, 胞子のうでつくられた胞子でふえる。	背骨をもつ動物。	背骨をもたない動物。

1 植物のなかま分け

```
種子をつくるか ┬ つくらない …コケ植物, シダ植物
              │ →胞子のうで胞子をつくる
              └ つくる ─ 胚珠のようす ┬ むき出し …裸子植物
                                    └ 子房の中にある ……被子植物
                        子葉, 葉脈, 根のようす
                         ├ 1枚, 平行脈, ひげ根 ……単子葉類
                         └ 2枚, 網状脈, 主根と側根 …双子葉類
```

2 動物のなかま分け

(1) **セキツイ動物**……背骨をもつ動物。魚類, 両生類, ハ虫類, 鳥類, ホ乳類の5つに分けられる。

(2) セキツイ動物のなかま分け

	魚 類	両生類
生活場所	水　中	子)水中／親)陸上
呼吸器官	え　ら	子)えら, 皮膚／親)肺, 皮膚
子の生まれ方	卵生(殻がない)	
体　表	うろこ	しめった皮膚
動　物	サケ, メダカ	イモリ, カエル

	ハ虫類	鳥 類	ホ乳類
生活場所	陸　上		
呼吸器官	肺		
子の生まれ方	卵生(殻がある)		胎　生
体　表	うろこ	羽毛	毛
動　物	ヘビ, ワニ	ハト, ツル	コウモリ, ネコ

(3) **無セキツイ動物**……背骨をもたない動物。節足動物, 軟体動物, その他の無セキツイ動物に分けられる。節足動物は,
└トンボ, カニなど┘
└タコ, イカ, アサリなど┘　└ウニ, ミミズなど┘
からだが外骨格におおわれていて, からだやあしに節がある動物である。軟体動物は, からだとあしに節がなく, 内臓が外とう膜に包まれている動物である。

得点アップ

種子をつくらない植物

胞子をつくってなかまをふやす。

根・茎・葉の区別があるシダ植物と, 区別がないコケ植物に分けられる。

① **シダ植物(イヌワラビ)**

葉　茎　根　胞子のう　胞子

② **コケ植物(スギゴケ)**

胞子のう　雄株　雌株　仮根

双子葉類

花弁がくっついている合弁花類と, 花弁が離れている離弁花類に分けられる。

節足動物

昆虫類(トンボ, チョウ, バッタ, カブトムシなど), 甲殻類(カニ, エビなど), その他のなかま(クモ, ムカデなど)に分けられる。

サクッと練習

目標時間10分
　　分

 1 右の図は，植物の分類を表したものです。次の問いに
答えなさい。

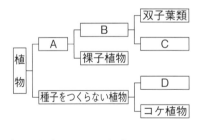

植物
├ A ┬ B ┬ 双子葉類
│　　│　　└ C
│　　└ 裸子植物
└ 種子をつくらない植物 ┬ D
　　　　　　　　　　　　└ コケ植物

(1) 図のA〜Dにあてはまる分類名を答えなさい。

A [　　　　　　　]　　B [　　　　　　　]

C [　　　　　　　]　　D [　　　　　　　]

(2) 種子をつくらないDの植物やコケ植物は何によってなかまをふやしますか。

[　　　　　　　　　　　　]

(3) 図のDの植物にあてはまるものを次のア〜エから1つ選びなさい。　[　　　　　]

ア　スギゴケ　　　イ　マツ　　　ウ　イヌワラビ　　　エ　アブラナ

 2 次の表は，セキツイ動物を5つのグループに分けて，その特徴（とくちょう）をまとめたものです。
下の問いに答えなさい。

グループ	A		B	C	D	E
呼吸器官	子）えら，皮膚（ひふ）／親）肺，皮膚		肺	えら	肺	肺
生活場所	子）水中／親）陸上		陸　上	水　中	陸　上	陸　上
子の生まれ方	卵　生		卵　生	卵　生	卵　生	（　①　）
体　表	しめった皮膚		うろこ	うろこ	（　②　）	毛

(1) 表の（　①　）にあてはまる子の生まれ方を何といいますか。　[　　　　　　]

(2) 表の（　②　）にあてはまる体表のようすを次のア〜ウから1つ選びなさい。
　　ア　うろこ　　イ　こうら　　ウ　羽毛（うもう）　　　　　　[　　　　]

(3) 表のA〜Eのグループをそれぞれ何類といいますか。

A [　　　　　　　]　　B [　　　　　　　]

C [　　　　　　　]　　D [　　　　　　　]　　E [　　　　　　　]

(4) セキツイ動物に対して，背骨をもたない動物を何といいますか。

[　　　　　　　　]

(5) (4)の動物のうち，からだが外骨格でおおわれていて，からだやあしに節がある動
　　物を何といいますか。　　　　　　　　　　　　　　[　　　　　　　]

(6) (5)の動物にあてはまるものを，次のア〜エからすべて選びなさい。[　　　　　]
　　ア　イカ　　　イ　カニ　　　ウ　トンボ　　　エ　アサリ

 ホ乳類は，母親の体内である程度子を育ててから産み，乳で子を育てる。

8 火山と地震

重要ポイント TOP3　[　月　日]

火山岩	深成岩	初期微動継続時間
マグマが地表付近で急に冷え固まってできた岩石。	マグマが地下深くでゆっくり冷え固まってできた岩石。	初期微動が始まってから主要動が始まるまでの時間。

1 火　山

(1) 火　山……地下の岩石がとけてできた高温の物質を<u>マグマ</u>という。火山が噴火すると，火山ガス，火山灰，溶岩，火山弾，火山れきなどの<u>火山噴出物</u>が火口から噴出する。（←粘り気が強いと白っぽく，弱いと黒っぽくなる）火山噴出物をつくる結晶を<u>鉱物</u>という。（←セキエイ，チョウ石，クロウンモ，カクセン石など）マグマの粘り気が弱いほど火山の形は平たくなり，おだやかな噴火が多くなる。

(2) 火成岩……マグマが冷え固まってできた岩石を<u>火成岩</u>という。火成岩のうち，地表や地表近くで急に冷え固まってできた岩石を<u>火山岩</u>，（←流紋岩，安山岩，玄武岩がある）地下深くでゆっくり冷え固まってできた岩石を<u>深成岩</u>という。（←花こう岩，閃緑岩，斑れい岩がある）火山岩のつくりを<u>斑状組織</u>といい，大きな鉱物の<u>斑晶</u>，そのまわりの細かい粒の部分の<u>石基</u>からなる。深成岩のつくりを<u>等粒状組織</u>という。

火山岩のつくり　　深成岩のつくり
石基　斑晶
▲ 斑状組織　　▲ 等粒状組織

2 地　震

(1) 震源と震央……地震が発生した場所を<u>震源</u>，（←地下の地点）震源の真上の場所を<u>震央</u>という。（←地表の地点）

P波の到着時刻　初期微動継続時間
S波の到着時刻
地震の発生時刻
震源からの距離〔km〕　300　200　100　0
12時24分25　26　27　28　29　30
時　刻

(2) 地震のゆれ……初めの小さなゆれを<u>初期微動</u>，そのあとの大きなゆれを<u>主要動</u>という。初期微動を伝える速い波を<u>P波</u>，主要動を伝えるおそい波を<u>S波</u>といい，この2つの波が届く時間の差を<u>初期微動継続時間</u>という。

(3) 地震の大きさ……地震の規模の大きさは<u>マグニチュード</u>（記号<u>M</u>），（←震央に近いほど大きくなる）観測地点での地震のゆれの大きさは<u>震度</u>で表す。（←0〜7の10階級に分けられる）

得点アップ

火山の形

① 平たい形
マグマの粘り気が弱い。例：マウナロア

② 円すいの形
マグマの粘り気が中間。例：桜島

③ おわんをふせた形
マグマの粘り気が強い。例：昭和新山

地　震

① 震源と震央

震央
震源

② 地震発生のしくみ

大陸プレート　海洋プレート
海洋プレートが沈み込む。

大陸プレートの先端部がずれこむ。

大陸プレートがもどるときに地震が起こる。

サクッと練習

目標時間10分

〔　　　　〕分

1 右の図のA，Bは，2種類の火成岩をルーペで観察したものです。次の問いに答えなさい。

A　　　　　　　　B

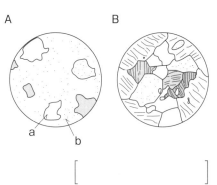

(1) 岩石のつくりからAの火成岩を何といいますか。　〔　　　　　　　〕

(2) Aのa，bの部分をそれぞれ何といいますか。
a〔　　　　　　〕　b〔　　　　　　〕

(3) Bの岩石のつくりを何といいますか。　〔　　　　　　　　　　　〕

2 右の図のA～Cは，火山の形を表しています。次の問いに答えなさい。

A

おわんをふせた形

(1) A～Cのような火山の形は，マグマの何によって決まりますか。
〔　　　　　　〕

B

平たい形

(2) A～Cのうち，最も激しい噴火をする火山の形はどれですか。
〔　　　　　〕

C

円すい形

(3) Aの形をした火山の溶岩は白っぽい色，黒っぽい色のどちらですか。
〔　　　　　〕

(4) Bの形をした火山を次のア～ウから1つ選びなさい。
〔　　　　　〕
ア　昭和新山　　　イ　桜島　　　ウ　マウナロア

3 右の図は，ある地震を地点A，Bで観測した記録です。次の問いに答えなさい。

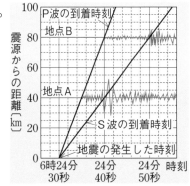

(1) 地震の発生した地点の真上の地表の地点を何といいますか。　〔　　　　　　　〕

(2) P波，S波の速さはそれぞれ何km/sですか。
P波〔　　　　　　〕　S波〔　　　　　　〕

(3) P波が到着してからS波が到着するまでの時間を何といいますか。　〔　　　　　　　〕

(4) 図より，(3)の時間と震源からの距離にはどのような関係があるか説明しなさい。
〔　　　　　　　　　　　　　　　　　　　　　　　　　　　　　　　　　　〕

溶岩の色は，マグマの粘り気が強いほど白っぽくなり，弱いほど黒っぽくなる。

9 地層のようす

重要ポイント TOP3　　[　月　日]

示相化石
地層が堆積した当時の環境を知る手がかりになる化石。

示準化石
地層が堆積した年代を推定するのに役立つ化石。

断　層
大地に大きな力がはたらいてできた地層のずれ。

1 地　層

(1) **地層のでき方**……岩石は，長い間に気温の変化や水のはたらきによって**風化・侵食**されて土砂になる。この土砂が流水によって**運搬**され，運搬された土砂は，海底や湖底に**堆積**して層をつくり，**地層**ができる。

> 岩石が水や風などによって表面からくずれていく現象

(2) **堆積岩**……海底や湖底に堆積した土砂などがおし固められてできた岩石を**堆積岩**という。堆積岩のうち，**れき岩，砂岩，泥岩**は粒の**大きさ**によって区別される。そのほかに火山灰からできた**凝灰岩**，生物の死がいなどからできた**石灰岩**やチャートがある。

> うすい塩酸をかけると二酸化炭素が発生する

(3) **地層のつながり**

地層は，ほぼ水平に堆積し，ふつう下の層ほど**古い**。地層の重なりを柱のように表したものを**柱状図**

柱状図

かぎ層

A地点　B地点

共通する地層 →

火山灰の層
泥 の 層
砂 の 層
泥 の 層
砂 の 層
れきの層
泥 の 層

→ 下の層ほど古い

といい，柱状図を比較することで，地層の広がりを知ることができる。火山灰の層など，離れた土地の地層のつながりを調べる手がかりとなる層を**かぎ層**という。堆積岩の中には化石を含むものもあり，地層が堆積した当時の**環境**を知る手がかりとなる化石を**示相化石**，地層が堆積した**年代**を推定できる化石を**示準化石**という。

2 大地の変動

★ **地層の変形**……大地に大きな力がはたらいてできる地層のずれを**断層**といい，地層が波打つようにおし曲げられたものを**しゅう曲**という。

> プレートの変動などによってはたらく

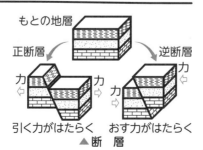

もとの地層

正断層　　　逆断層

力　　　力　　　力　　力

引く力がはたらく　おす力がはたらく

▲ 断　層

堆積岩

★ 粒の大きさ

粒の大きさ	堆積岩
2 mm 以上	れき岩
$2 \sim \frac{1}{16}$ mm	砂　岩
$\frac{1}{16}$ mm 以下	泥　岩

示相化石

① サンゴの化石
当時，あたたかく浅い海であったことがわかる。

② シジミの化石
当時，河口や湖であったことがわかる。

示準化石

① **サンヨウチュウの化石**
古生代に堆積したことがわかる。

② **アンモナイトの化石**
中生代に堆積したことがわかる。

サクッと練習

1 図1の地点A，B，Cでボーリング調査を行いました。図2は，ボーリング調査によって得られた試料をもとに，地下のようすを柱状図で表したものです。下の問いに答えなさい。ただし，この地域の地層は同じ厚さで水平に重なっており，断層や地層の上下の逆転はないものとします。

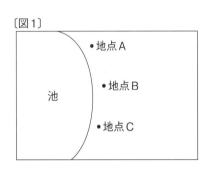

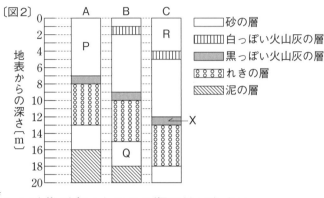

(1) 図2のP，Q，Rの層を堆積した時代が古いものから順に並べなさい。

[　　　　　→　　　　　→　　　　　]

(2) 地点Aの標高が**55 m**のとき，地点Cの標高は何**m**ですか。 [　　　　　]

(3) 図2のXの層のように，離れた土地の地層のつながりを調べる手がかりとなる層を何といいますか。

[　　　　　]

(4) 地点BのQの層から，サンヨウチュウの化石が見つかりました。この地層が堆積したと考えられる地質年代は，古生代，中生代，新生代のうちのどれですか。

[　　　　　]

(5) サンヨウチュウの化石のように，その化石を含む地層が堆積した年代を推定するのに役立つ化石を何といいますか。 [　　　　　]

2 右の図は，あるがけを観察したときのようすを表したものです。次の問いに答えなさい。

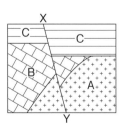

(1) このがけに見られるX－Yのような地層のずれを何といいますか。 [　　　　　]

(2) X－Yのずれが生じた時期は，Cの層が堆積する前，堆積したあとのどちらですか。 [　　　　　]

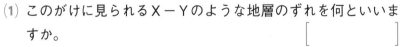
黒っぽい火山灰の層は，同じ標高にある。

10 〈2年〉 電流のはたらき

1 回路と電流・電圧

(1) **回路の種類**……電流の通り道が1本になっている回路を<u>直列回路</u>，2本以上に枝分かれしている回路を<u>並列回路</u>という。
　↳電流が流れる道筋

(2) **直列回路の電流・電圧**……電流の大きさは回路のどの点でも<u>等しい</u>。
　↳電流計ではかる
回路の各抵抗に加わる電圧の<u>和</u>が回路全体の電圧に等しい。
　↳電圧計ではかる

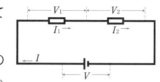

電流 $I = I_1 = I_2$　電圧 $V = V_1 + V_2$
▲ 直列回路での電流と電圧

(3) **並列回路の電流・電圧**……枝分かれしたあとの電流の<u>和</u>は，枝分かれ前や合流後の電流の大きさに等しい。回路の各抵抗に加わる電圧の大きさは，電源の電圧に<u>等しい</u>。
　↳ていこう

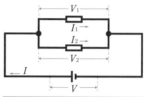

電流 $I = I_1 + I_2$　電圧 $V = V_1 = V_2$
▲ 並列回路での電流と電圧

2 電流と電圧の関係

(1) **オームの法則**……電熱線を流れる**電流**の大きさは，電熱線に加わる**電圧**の大きさに<u>比例</u>する。

$$電流〔A〕= \frac{電圧〔V〕}{抵抗〔Ω〕}$$

(2) **電流のはたらき**……1秒間に使われる電気エネルギーの大きさを表す量を<u>電力</u>という。　電力〔W〕＝電圧〔V〕×電流〔A〕

3 電流の正体

(1) **電子線(陰極線)**……電子の流れで，直進する性質がある。
　↳いんきょくせん
　↳−の電気を帯びた小さな粒子

(2) **電子と電流**……電流の向きは，電子の流れる向きと<u>逆</u>である。

(3) **放射線**……レントゲン検査で使われる<u>X</u>線は放射線の一種である。
　↳電子の流れや電磁波など

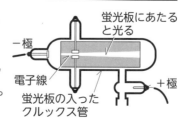

蛍光板にあたると光る
−極
電子線
蛍光板の入ったクルックス管
+極

得点アップ

電流計と電圧計の使い方

① **電流計**

電流の大きさをはかりたい部分に直列につなぐ。はじめは**5A**の−端子につなぐ。
　↳たんし

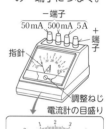

−端子
50mA 500mA 5A
指針
+端子
調整ねじ
電流計の目盛り

−端子50mA　→15.0mA
−端子500mA →150mA
−端子5A　　→1.50A

② **電圧計**

電圧の大きさをはかりたい部分に並列につなぐ。はじめは**300V**の−端子につなぐ。

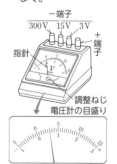

−端子
300V 15V 3V
指針
+端子
調整ねじ
電圧計の目盛り

−端子300V →60V
−端子15V　→3.00V
−端子3V　　→0.60V

静電気

★ **静電気の性質**

同種類の電気は反発し合い，異種類の電気は引き合う。

サクッと練習

目標時間10分
　　　分

1 図1のように回路をつなぎ，電流の大きさと電圧の大きさを測定しました。図2はこの実験の結果を表したものです。次の問いに答えなさい。

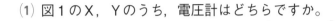

〔図1〕

(1) 図1のX，Yのうち，電圧計はどちらですか。

[　　　　　]

(2) 図1のX，Yの＋端子の組み合わせとして正しいものはどれですか。次のア〜エから1つ選びなさい。
　ア　aとc　　イ　aとd
　ウ　bとc　　エ　bとd

[　　　　　]

(3) 電流計の−端子に5Aの端子を用いたところ，電流計は図3の値を示しました。このときの電流は何Aですか。

[　　　　　]

(4) 図2から，電流の大きさと電圧の大きさにはどのような関係がありますか。

[　　　　　　　　　　　　　　　　　　　　　　]

(5) 電熱線Aの抵抗は何Ωですか。　　[　　　　　]

(6) 電熱線Aと抵抗の大きさが等しい電熱線Bを用意し，電熱線A，BをPQ間に並列につなぎました。電源装置の電圧が10Vのとき，点eを流れる電流は何Aですか。

[　　　　　]

(7) (6)の状態で，1分間電流を流し続けたとき，電熱線Aが消費する電力量は何Jですか。

[　　　　　]

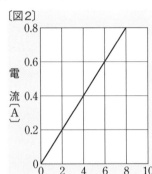

〔図2〕

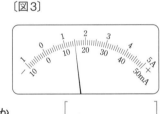

〔図3〕

2 右の図のような装置で，電極a，b間に高い電圧を加えて電流を流したところ，電極aから電極bに向かって光の筋が観察されました。次の問いに答えなさい。

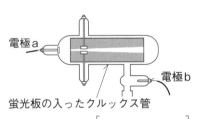

(1) クルックス管内に見られた光の筋を何といいますか。

[　　　　　]

(2) 電極a，bのうち，−極はどちらですか。

[　　　　　]

 並列回路において，各抵抗に加わる電圧の大きさは電源の電圧に等しい。

11 電流と磁界

重要ポイント TOP3 　　　　　[　 月　 日]

磁界の向き	直 流	交 流
磁界の中に置いた方位磁針のN極のさす向き。	電流の向きが一定の電流。	交流の向きが周期的に変化する電流。

1 電流と磁界

(1) **導線のまわりの磁界**……導線に電流を流すと，導線のまわりに<u>磁界</u>ができる。このとき，右ねじが進む方向に電流の向きを合わせると，**ねじを回す向き**が磁界の向きとなる。

└ 磁力がはたらく空間

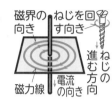

磁界の向き　ねじを回す向き

ねじの進む方向

磁力線　電流の向き

(2) **コイルのまわりの磁界**……コイルに電流を流すと，コイル内部に強い磁界ができる。このとき，右手の4本の指を電流の向きに合わせると，親指のさす方向が<u>N極</u>となる。

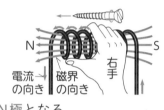

N　右手　S
電流の向き　磁界の向き

(3) **電流が磁界から受ける力**……磁界の中に導線を置いて電流を流すと，電流は磁界から力を受ける。<u>電流が大きい</u>ほど，<u>磁界が強い</u>ほど受ける力は大きい。

電流　磁石による磁界　力　導線

2 電磁誘導（でんじゆうどう）

★ **電磁誘導**……コイル内部の<u>磁界</u>が変化すると，コイルに**電流**を流そうとする電圧が生じる現象。電磁誘導によって流れる電流を<u>誘導電流</u>という。

└ 磁石を動かさないと，電流は流れない

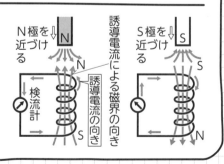

N極を近づける　S極を近づける　誘導電流による磁界の向き　誘導電流の向き　検流計

3 発電機

(1) **発電機の原理**……コイルの中で磁石を回転させると，<u>電磁誘導</u>によって，**誘導電流**が流れる。

└ 交流が流れる

(2) **直流と交流**……電流の向きが一定の電流を<u>直流</u>，周期的に向きが変化する電流を<u>交流</u>という。

└ 乾電池など

└ 家庭用電源など

得点アップ

電流と磁界

① **磁力線**

磁界の向きを矢印でつないだ線。N極からS極に向かう。

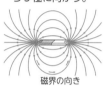

磁界の向き

② **誘導電流を大きくする方法**

・磁石をはやく動かす。
・強い磁石を使う。
・コイルの巻数を多くする。

オシロスコープの波形

① **直 流**

波形　直流

② **交 流**

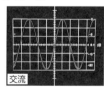

交流

サクッと練習

目標時間10分

分

1 電流と磁界について，次の問いに答えなさい。

〔図1〕

(1) 図1の装置で電流を流すと，コイルはXの向きに動きました。電流の向きを逆にすると，コイルはX，Yどちらの向きに動きますか。

[　　　　　　　]

(2) 図1で，装置のつなぎ方は変えずに，コイルをYの向きに動くようにする方法を書きなさい。

[　　　　　　　　　　　　　　　　　　　　　　　　　　　]

(3) 図2の向きに導線に電流を流したとき，点P，点Qに置いた方位磁針は，それぞれどの方向をさしますか。真上から見たようすを，次のア～エから1つ選びなさい。

〔図2〕

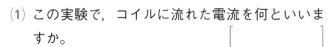

点P [　　　　　] 点Q [　　　　　]

2 右の図のような装置に，棒磁石のN極をゆっくり近づけたところ，検流計の針が右側に振れました。次の問いに答えなさい。

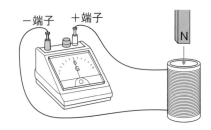

(1) この実験で，コイルに流れた電流を何といいますか。 [　　　　　　　]

(2) 近づけた棒磁石のN極をコイルから遠ざけると，検流計の針はどのようになりますか。次のア～ウから1つ選びなさい。 [　　　　　]

ア　右側に振れる。　　　イ　左側に振れる。　　　ウ　振れない。

3 家庭用電源の電流をオシロスコープで見ると，右のような波形が見られました。次の問いに答えなさい。

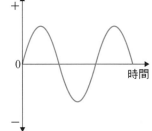

(1) 右のような電流を何といいますか。 [　　　　　]

(2) 電流の向きが1秒間に変化する回数を何といいますか。

[　　　　　]

> 導線のまわりにできる磁界の向きは右ねじを使って考える。方位磁針のN極は磁界の向きをさす。

12 〈2年〉 物質と原子・分子

重要ポイント TOP3

原 子	分 子	化学式
物質を構成する，それ以上分けられない最小の粒子。	物質の性質を示す最小の粒子。	物質を元素記号と数字を使って表したもの。

1 原 子

(1) **原　子**……物質をつくっている，それ以上分けることのできない最小の粒子。
  └ 110種類以上知られている りゅうし

(2) **周期表**……原子を<u>原子番号</u>の順に並べた表。
  └ メンデレーエフが原形をつくった

(3) **原子の性質**……次の3つの性質がある。

　・化学変化によってそれ以上<u>分ける</u>ことができない。

　・種類によって<u>質量</u>や大きさが決まっている。

　・化学変化によって新しくできたり，種類が変わったり，なくなったりしない。

(4) **元素記号**……原子をアルファベット1文字または2文字で表したもの。

$$O \qquad Fe$$

　　1文字目…大文字　　　　2文字目…小文字
　大文字で表す
　▲ 1文字の場合　　　　▲ 2文字の場合

2 分 子

(1) **分　子**……いくつかの<u>原子</u>が結びついてできた，物質の性質を示す最小の粒子。

(2) **物質の分類**……1種類の原子からできている物質を<u>単体</u>，2種類以上の原子からできている物質を<u>化合物</u>という。

	単 体	化合物
分子からできている物質	水素(H_2)，酸素(O_2)など	水(H_2O)，二酸化炭素(CO_2)など
分子からできていない物質	鉄(Fe)，銅(Cu)など	塩化ナトリウム($NaCl$)，酸化銅(CuO)など

(3) **化学式**……<u>元素記号</u>と数字を使って物質を表したもの。分子をつくっている原子の種類や数がわかる。
  └ 鉄などの金属の単体は元素記号で代表して表す

$$O_2 \qquad NH_3$$

　酸素原子が2個　　　窒素原子が1個
　　　　　　　　　　　　と
　　　　　　　　　　水素原子が3個
　▲酸　素　　　　▲アンモニア

得点アップ

原　子

① **原子の性質**

分けられない

種類によって質量や大きさが決まっている

鉄の原子　　金の原子

新しくできない

種類が変化しない

なくならない

② **ドルトン**

　物質はそれ以上分けることができない小さな粒子からできているという「原子説」を唱えた。

分　子

★ **物質のモデル**

炭素原子　酸素原子

▲二酸化炭素

酸素原子

▲酸　素

鉄原子

▲鉄

塩素原子

ナトリウム原子

▲塩化ナトリウム

サクッと練習

1 次の問いに答えなさい。

(1) 物質をつくっている，それ以上分けることのできない最小の粒子を何といいますか。

[　　　　　　　]

(2) 右の図のaにあてはまる語句を書きなさい。

[　　　　　　　]

```
                        ┌─ 単体
          ┌ 純粋な物質 ┤
物質 ─────┤          └─ a
          └ 混合物
```

(3) 次のア〜クの物質のうち，右の図のaに分類され，分子からできているものをすべて選びなさい。

[　　　　　　　]

ア　水　　　　　　　イ　食塩水　　ウ　酸素　　エ　二酸化炭素
オ　塩化ナトリウム　カ　銅　　　　キ　空気　　ク　酸化鉄

(4) 次の①〜④の原子を元素記号で書きなさい。

①　銀　　　[　　　　　]　　②　鉄　　　[　　　　　]

③　水素　　[　　　　　]　　④　酸素　　[　　　　　]

(5) 次の①〜④の元素記号で表される原子の名称を書きなさい。

①　S　　　[　　　　　]　　②　Na　　[　　　　　]

③　Cl　　　[　　　　　]　　④　Cu　　[　　　　　]

2 右の図は，いろいろな原子のモデルを表しています。次の問いに答えなさい。

酸素原子 ⊗	水素原子 ○
炭素原子 ●	窒素原子 ◎

(1) 次の①，②のモデルで示される分子は何ですか。化学式で書きなさい。

①　⊗⊗　　　　　　　②　○⊗○

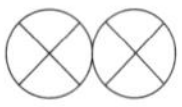

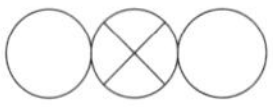

[　　　　　]　　　　　[　　　　　]

(2) 図の原子のモデルを用いて，次の①，②の物質を分子のモデルで描きなさい。

①　二酸化炭素　　　　②　アンモニア

化学式は，元素記号の下に原子の個数を表す数字を小さく書く。1個の場合，1は省略。

13 〈2年〉

化学変化による物質の変化

[　　月　　日]

重要ポイント TOP3

分　解	酸　化	還　元
1つの物質が2つ以上の物質に分かれる化学変化。	物質が酸素と結びつく反応。	酸化物が酸素をうばわれる反応。

1 化学変化

[redacted]以上の物質に分かれ
[redacted]こる分解を熱分解と
[redacted]した式。

[redacted]

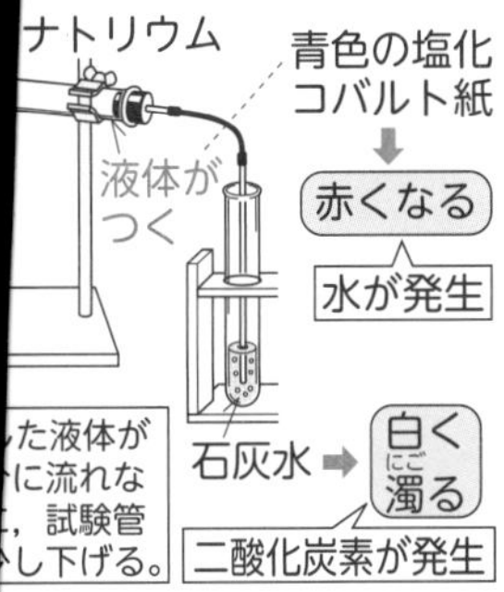

ナトリウム
青色の塩化コバルト紙
赤くなる
水が発生
液体がつく
石灰水
白く濁る
二酸化炭素が発生
た液体が
に流れな
，試験管
し下げる。

[redacted]が 2：1 の体積比で発

[redacted]ぜ合わせて加熱すると，
↳ 磁石につき，うすい塩酸を加えると水素が発生する

硫化鉄ができる。
↳ 黒色の物質。磁石につかず，うすい塩酸を加えると硫化水素が発生する

(2) **酸素と水素の反応**……酸素と水素を混合した気体に火をつけると爆発(ばくはつ)して水ができる。

4 酸化と還元(かんげん)

(1) **酸化と還元**……物質が酸素と結びつく反応を酸化，酸化物（酸化してできた物質）が酸素をうばわれる反応を還元という。
↳ 化学変化のなかで酸化と還元は同時に起こる

(2) **燃焼(ねんしょう)**……物質が光や熱を出しながら激しく酸化する化学変化。

得点アップ

分　解

★ **酸化銀の分解**
酸化銀を加熱すると，銀と酸素に分解する。

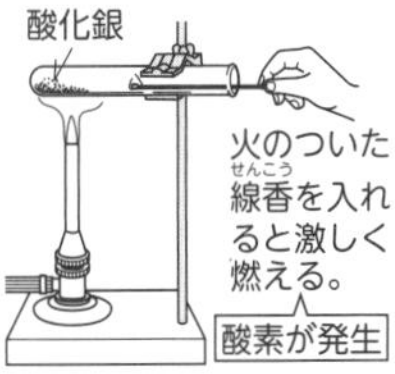

酸化銀
火のついた線香を入れると激しく燃える。
酸素が発生

化学反応と熱

① **発熱反応**
化学変化のとき，熱が発生して，まわりの温度が上がる反応。

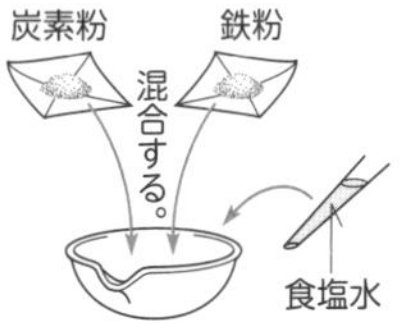

炭素粉
鉄粉
混合する。
食塩水

② **吸熱反応**
化学変化のとき，周囲から熱をうばって，まわりの温度が下がる反応。

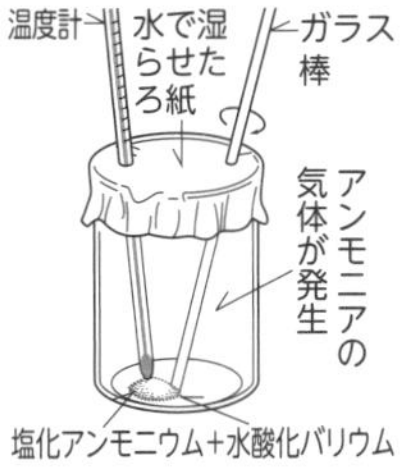

温度計
水で湿らせたろ紙
ガラス棒
アンモニアの気体が発生
塩化アンモニウム＋水酸化バリウム

サクッと練習

目標時間10分　　分

1 右の図のような装置を用いて，水酸化ナトリウムを少量溶かした水に電流を通しました。次の問いに答えなさい。

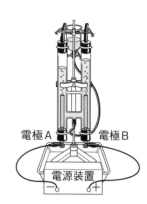

電極A　　電極B

電源装置

(1) この実験で，水酸化ナトリウムを少量溶かした水を用いたのはなぜですか。

[　　　　　　　　　　　　　　　　　　　　　　　]

(2) 電極Aから発生した気体にマッチの火を近づけると，ポンと音をたてて燃えました。この気体は何ですか。

[　　　　　　　　　　　]

(3) この実験で起こった化学変化を化学反応式で書きなさい。

[　　　　　　　　　　　　　　　　　　　　　　　　　　]

2 次の化学反応式について，正しければ○を，まちがっていれば正しい化学反応式を書きなさい。

(1) $2Mg + O \rightarrow 2MgO$　　[　　　　　　　　　　　　　　]

(2) $Fe + S \rightarrow FeS$　　[　　　　　　　　　　　　　　]

(3) $2Ag_2O \rightarrow Ag + O_2$　　[　　　　　　　　　　　　　　]

(4) $2CuO + C \rightarrow Cu + CO_2$　[　　　　　　　　　　　　　　]

3 右の図のように，鉄粉と硫黄の粉末を混ぜ合わせ，ガスバーナーで加熱しました。次の問いに答えなさい。

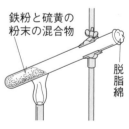

鉄粉と硫黄の粉末の混合物

脱脂綿

(1) 加熱後の物質は磁石につきますか。つきませんか。

[　　　　　　　　　　]

(2) 加熱後にできた物質の化学式を書きなさい。[　　　　　　]

(3) 加熱前の混合物にうすい塩酸を加えると発生する気体は何ですか。

[　　　　　　　　　　]

(4) この反応のように，熱の発生をともなう化学変化を一般に何といいますか。

[　　　　　　　　　　]

!! 酸素の化学式は O₂。左辺と右辺で原子の種類と数が等しくなるように係数を決める。

14 〈2年〉 化学変化と質量の関係

重要ポイント TOP3

質量保存の法則	銅の酸化	マグネシウムの酸化
化学変化の前後で，物質全体の質量が変化しない。	銅：酸素＝4：1の質量の比で反応する。	マグネシウム：酸素＝3：2の質量の比で反応する。

1 質量保存の法則

(1) **スチールウールの燃焼**……スチールウールを空気中で燃やすと，燃焼後の物質の質量は反応した酸素の分だけ増加する。
↳酸化鉄
↳燃焼…光や熱を出しながら，激しく酸化すること

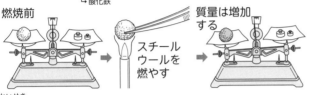

燃焼前 　スチールウールを燃やす　 質量は増加する

(2) **石灰石と塩酸の反応**……密閉された容器内で石灰石とうすい塩酸を反応させた場合，反応前後で質量は変化しないが，密閉されていない容器で実験すると，発生した二酸化炭素が空気中に出ていくため，反応後の質量は反応前に比べて減少する。

密閉された容器　石灰石　うすい塩酸　／　石灰石と塩酸を反応させる　質量は変わらない　／　容器のふたを開ける　質量は減少する

(3) **硫酸と水酸化バリウム水溶液の反応**……うすい硫酸にうすい水酸化バリウム水溶液を加えると，白い沈殿ができる。このとき，反応の前後で質量は変化しない。
↳硫酸バリウムができる

2 物質どうしの質量の割合

(1) **銅と酸素が反応するとき**……銅の粉末を空気中で十分に加熱したとき，銅と酸素は 4：1 の質量の割合で反応する。

(2) **マグネシウムと酸素が反応するとき**……マグネシウムの粉末を空気中で十分に加熱したとき，マグネシウムと酸素は 3：2 の質量の割合で反応する。

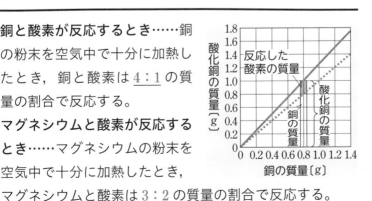

（グラフ）酸化銅の質量〔g〕 反応した酸素の質量　銅の質量　酸化銅の質量　銅の質量〔g〕

得点アップ

化学変化による質量変化

★ **炭酸水素ナトリウムの熱分解**

炭酸水素ナトリウムを加熱すると，水や二酸化炭素が発生するため，反応後に残った炭酸ナトリウムの質量は炭酸水素ナトリウムの質量に比べて減少する。

炭酸水素ナトリウム　二酸化炭素　水
↓加熱後
炭酸ナトリウム（質量が減少する）

質量保存の法則

化学変化に関係する物質全体の質量は，反応の前後で変化しない。

★ **質量保存の法則がなりたつ理由**

物質はすべて原子からできており，化学変化では，物質をつくる原子の組み合わせが変わるだけで，原子の種類と数は変化しないから。

サクッと練習

目標時間10分

分

1 プラスチックの容器の中に石灰石(せっかいせき)の粉末とうすい塩酸の入った試験管を入れ，ふたをして密閉してから，右の図のようにして質量をはかりました。次に，密閉したまま容器を傾(かたむ)けて石灰石とうすい塩酸を反応させたところ，気体が発生しました。次の問いに答えなさい。

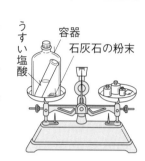

うすい塩酸　容器　石灰石の粉末

(1) この実験で発生した気体は何ですか。　　　　　[　　　　　　]

(2) 気体が発生し終わったあと，容器を再び上皿てんびんにのせて，つりあいを調べました。このとき，上皿てんびんはどうなりますか。次のア〜ウから1つ選びなさい。　　　　　[　　　　　　]

　ア　右に傾く。　　　イ　左に傾く。　　　ウ　つりあったままである。

(3) 実験のあと，容器のふたを開け，反応後の容器とふたを上皿てんびんにのせて，つりあいを調べました。このとき，上皿てんびんはどうなりますか。(2)のア〜ウから1つ選びなさい。　　　　　[　　　　　　]

(4) (3)のような結果になったのはなぜですか。

[　　　　　　　　　　　　　　　　　　　　　　　　　　]

2 図1のようにして，さまざまな質量の銅の粉末を空気中で十分に加熱しました。図2は，このときの銅の質量と加熱後にできた酸化銅の質量の関係を表したものです。次の問いに答えなさい。

〔図1〕
銅の粉末　ステンレス皿

(1) 1.2gの銅と反応した酸素の質量は何gですか。

[　　　　　　]

(2) 酸化銅に含(ふく)まれる銅と酸素の質量の比を最も簡単な整数の比で表しなさい。　　　銅：酸素＝[　　　　　]

(3) 4.5gの酸化銅を得るには，少なくとも何gの銅が必要ですか。　　　　　[　　　　　　]

(4) 2.3gの銅を加熱したところ，ステンレス皿に2.8gの物質が残りました。このとき，反応せずに残っている銅は何gですか。　　　　　[　　　　　　]

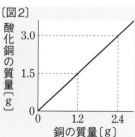

〔図2〕
酸化銅の質量〔g〕
3.0
1.5
0
0　1.2　2.4
銅の質量〔g〕

容器のふたを開けると，発生した気体がどうなるか考える。

15 〈2年〉 生物と細胞, 刺激と反応

重要ポイント TOP3

中枢神経	末しょう神経	反 射
神経系の1つ。脳と脊髄からなる。	神経系の1つ。感覚神経と運動神経からなる。	ある刺激に対して, 無意識に起こる反応。

1 生物と細胞

(1) **動物の細胞のつくり**……<u>核</u>のまわりには<u>細胞質</u>があり, そのいちばん外側は<u>細胞膜</u>におおわれている。
└酢酸カーミン液などの染色液によく染まる

(2) **植物の細胞のつくり**……細胞膜の内側には核や<u>葉緑体</u>がある。また,
└光合成が行われる
<u>液胞</u>をもつものが多い。細胞膜の外側には<u>細胞壁</u>がある。
└植物のからだを支える

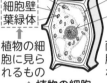
液 胞
細胞壁
葉緑体
植物の細胞に見られるもの

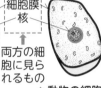
細胞膜
核
両方の細胞に見られるもの

▲ 植物の細胞　　▲ 動物の細胞

(3) **単細胞生物**……ゾウリムシやアメーバのように, からだが1つの細胞でできている生物を<u>単細胞生物</u>という。

(4) **多細胞生物**……ヒトやオオカナダモのように, からだが多くの細胞でできている生物を<u>多細胞生物</u>という。

2 刺激と反応

(1) **感覚器官**……外界からのさまざまな<u>刺激</u>を受けとる器官。

(2) **中枢神経**……神経系の1つで, <u>脳</u>と<u>脊髄</u>からなる。

(3) **末しょう神経**……神経系の1つで, **感覚器官**からの刺激の信号を中枢神経に伝える<u>感覚神経</u>と, 中枢神経からの命令を筋肉などの**運動器官**に伝える<u>運動神経</u>などがある。

(4) **意識して起こる反応**……感覚器官で刺激を受けとり, 信号が脊髄を経て脳に伝えられ, <u>脳</u>から出された命令が運動器官に伝わることによって起こる。

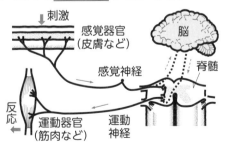
↓刺激
感覚器官（皮膚など）
脳
感覚神経
脊髄
反応
運動器官（筋肉など）
運動神経

(5) **無意識に起こる反応**……感覚器官で刺激を受けとり, 信号が脊髄に伝えられ, <u>脊髄</u>から出された命令が運動器官に伝わることによって起こる。このような反応を<u>反射</u>という。
└直接, 命令の信号が出される

得点アップ

細 胞

★ **細胞の呼吸**
細胞が酸素を使って栄養分を分解し, 生きるためのエネルギーを取り出すはたらき。このとき, 二酸化炭素と水が発生する。

ヒトの感覚器官

① **目**
光の刺激を受けとる。

② **耳**
音の刺激を受けとる。

③ **鼻**
においの刺激を受けとる。
ヒトの感覚器官は, ほかに舌や皮膚がある。

感覚器官のつくり

① **目のつくり**
虹彩…レンズに入る光の量を調節する。
網膜…光の刺激を受けとる細胞がある。

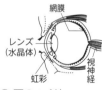
網膜
レンズ（水晶体）
虹彩
視神経

② **耳のつくり**
鼓膜…音を受けとり振動する。

聴神経
耳小骨
鼓膜
うずまき管

サクッと練習

目標時間10分

[　　]分

1 右の図は，生物の細胞を顕微鏡で観察したようすを模式的に表したものです。次の問いに答えなさい。

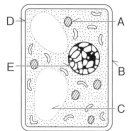

(1) 右の図は，植物，動物どちらの細胞を観察したものですか。

[　　　　　　　]

(2) ふつう，植物，動物の細胞に共通して見られるつくりはどれですか。図のA〜Eからすべて選びなさい。[　　　　　]

(3) 水などが入っている図のCのつくりを何といいますか。

[　　　　　　　]

(4) 図のEは，酢酸オルセイン液などの染色液によく染まるつくりです。Eのつくりを何といいますか。

[　　　　　　　]

(5) 細胞が酸素を使って栄養分を分解して生きるためのエネルギーをとり出すはたらきを何といいますか。

[　　　　　　　]

2 右の図は，<u>熱いなべにさわり，思わず手を引っこめたとき</u>の刺激による信号の伝わるようすを表したものです。次の問いに答えなさい。

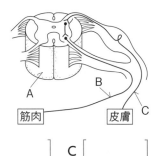

筋肉　　皮膚

(1) 図のA，B，Cをそれぞれ何といいますか。次のア〜エから1つずつ選びなさい。

ア　脳　イ　感覚神経　ウ　運動神経　エ　脊髄

A[　　　]　B[　　　]　C[　　　]

(2) 中枢神経から枝分かれしたBやCをまとめて何といいますか。[　　　　　]

(3) 下線部のような反応を何といいますか。

[　　　　　　　]

3 右の図は，目のつくりを表したものです。次の問いに答えなさい。

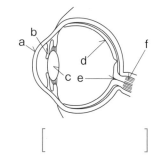

(1) 光の刺激を受けとる細胞がある部分はどこですか。図のa〜fから1つ選びなさい。

[　　　　　　　]

(2) 目のように，刺激を受けとる器官を何といいますか。

[　　　　　　　]

 無意識に起こる反応である。

16 〈2年〉 消化と吸収

重要ポイント TOP3

消 化	消化酵素	柔 毛
食物を，からだの中に取り込みやすい形に分解すること。	食物の養分を分解するはたらきをもつ物質。	小腸の表面に無数にある突起。

1 消 化

(1) **消化管**……口，食道，胃，小腸，大腸を通って肛門に続く食べ物の通り道。
┌消化のはたらきを行う器官

(2) **消化液**……消化器官から出され，栄養分を分解するはたらきをもつ。消化酵素を含むものが多い。

(3) **デンプンの消化**……唾液中の消化酵素アミラーゼによって
体温に近い温度で最もよくはたらく┘
麦芽糖などに分解されたあと，最終的にブドウ糖にまで分解される。
└ブドウ糖が2つつながった物質

(4) **タンパク質の消化**……胃液中の消化酵素ペプシン，すい液中のトリプシンなどによってアミノ酸にまで分解される。

(5) **脂肪の消化**……すい液中のリパーゼなどによって，脂肪酸とモノグリセリドにまで分解される。

消化器官	消化液	消化酵素	はたらき
口	唾 液	アミラーゼ	デンプンを分解
胃	胃 液	ペプシン	タンパク質を分解
胆のう	胆 汁	－	脂肪の分解を助ける
すい臓	すい液	アミラーゼ	デンプンを分解
		トリプシン	タンパク質を分解
		リパーゼ	脂肪を分解

2 吸 収

(1) **栄養分の吸収**……消化酵素のはたらきによって分解された栄養分は，小腸のひだの表面にある柔毛から吸収される。
└小腸の表面積が大きくなるので，効率よく養分を吸収することができる

(2) **毛細血管とリンパ管**……

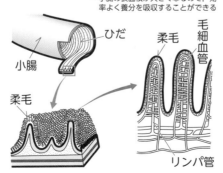

……ブドウ糖やアミノ酸は柔毛で吸収されて毛細血管に入り，脂肪酸とモノグリセリドは，柔毛で吸収されたあと，再び脂肪となってリンパ管に入る。

得点アップ

消 化

① ヒトの消化管

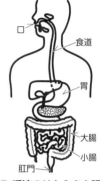

② 唾液のはたらきを調べる実験

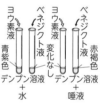

唾液により，デンプンが麦芽糖などに分解された。

排 出

★ 排 出
二酸化炭素は呼吸によって肺から排出される。アンモニアは肝臓で尿素に変えられ，腎臓に運ばれてぼうこうから尿として排出される。

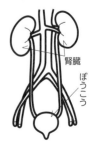

サクッと練習

目標時間10分

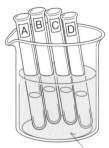

1 デンプン溶液を 4 cm³ ずつ入れた試験管 A～D を用意し，試験管 A，B には水でうすめた唾液を 1 cm³ ずつ入れ，試験管 C，D には水を 1 cm³ ずつ入れました。図のように，試験管 A～D を約 40 ℃の湯に一定時間つけました。その後，試験管 A，C にヨウ素液を加えたところ，試験管 A は変化しませんでしたが，試験管 C は青紫色に変化しました。試験管 B，D にある溶液を加えて加熱したところ，試験管 B は赤褐色の沈殿ができましたが試験管 D は変化しませんでした。次の問いに答えなさい。

約40℃の湯

(1) 下線部のある溶液とは何ですか。　　　　[　　　　　　　　]

(2) 実験の結果より，唾液にはどのようなはたらきがあることがわかりますか。
[　　　　　　　　　　　　　　　　　　　　　　　　　　　　]

(3) 唾液などの消化液に含まれる，食物などの栄養分を分解する物質を何といいますか。　　　　[　　　　　　　　]

(4) 唾液に含まれる(3)を何といいますか。　　　[　　　　　　　　]

2 図1は，ヒトの消化に関わるつくりを表したもので，図2は，図1のCの一部を拡大したものです。次の問いに答えなさい。

〔図1〕

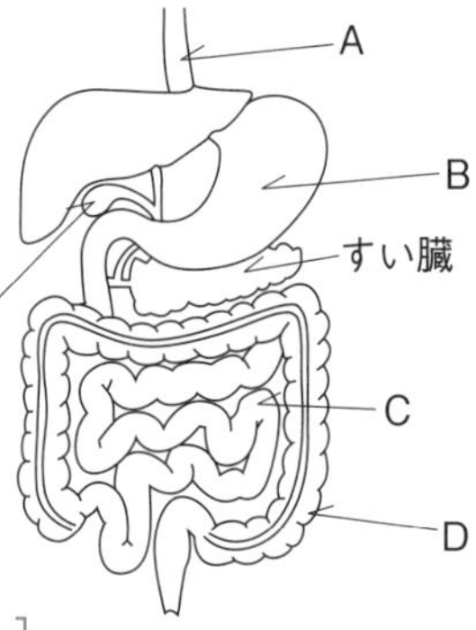

A
B
すい臓
胆のう
C
D

(1) 図1のA，Dの器官を何といいますか。
A [　　　　　] D [　　　　　]

(2) 図1のBの消化液に含まれるペプシンによって分解される物質は何ですか。次のア～エから1つ選びなさい。
ア　タンパク質　　イ　脂肪
ウ　デンプン　　　エ　麦芽糖　　　[　　　　]

(3) 図2のXを何といいますか。　　　[　　　　]

〔図2〕
X

リンパ管　　毛細血管

(4) 図2のXで吸収されて毛細血管に入る物質を次のア～エからすべて選びなさい。　　　[　　　　]
ア　アミノ酸　　　　イ　脂肪酸
ウ　モノグリセリド　エ　ブドウ糖

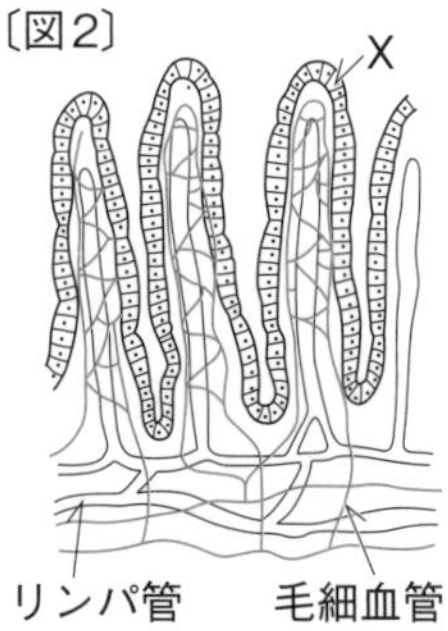

胃液，すい液，小腸の壁の消化酵素によりアミノ酸に分解される物質である。

呼　吸	動　脈	静　脈
酸素を取り入れ，二酸化炭素を排出すること。	心臓から出た血液が流れる血管。壁が厚く，弾力がある。	心臓へもどる血液が流れる血管。逆流を防ぐ弁がある。

1 呼　吸

(1) **肺のつくり**……肺は気管から枝分かれした気管支と，肺胞（はいほう）という小さな袋（ふくろ）が集まってできている。
└肺の表面積が大きくなる
肺胞を毛細血管が網（あみ）の目のようにとり囲んでいる。

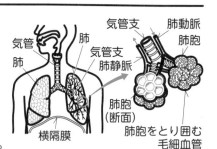

気管支　肺動脈
気管　肺　気管支　肺胞
肺　肺静脈
肺胞（断面）
肺胞をとり囲む毛細血管
横隔膜

(2) **呼吸運動**……息を吸うときは，ろっ骨が上がり，横隔膜（まく）が下がると，胸腔（きょうこう）が広がって，肺の中に空気が吸い込まれる。息をはくときは，ろっ骨が下がり，横隔膜が上がると，胸腔がせまくなって，肺の中から空気がはき出される。
横隔膜とろっ骨に囲まれた空間┘

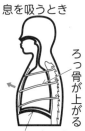
息を吸うとき
ろっ骨が上がる
横隔膜が下がる
胸腔が広がる

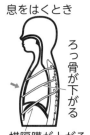
息をはくとき
ろっ骨が下がる
横隔膜が上がる
胸腔がせまくなる

2 血液の循環（じゅんかん）

(1) **心　臓**……血液を全身に送り出す。

(2) **血　管**……心臓から送り出された血液が流れる血管を動脈といい，心臓にもどる血液が流れる血管を静脈という。
血液の逆流を防ぐ弁がある┘

(3) **血液の循環**……心臓から送り出された血液が，肺を通って心臓にもどる血液の流れを肺循環という。また，心臓から送り出された血液が，肺以外の全身をめぐって心臓にもどる血液の流れを体循環という。

3 血液の成分

★ **血液の成分**……酸素を運ぶ赤血球，細菌（さいきん）をとらえる白血球，
└ヘモグロビンが含まれている
血液を固める血小板などの固形成分と，栄養分や二酸化炭素を運ぶ血しょうという液体成分からなる。
└毛細血管からしみ出たものを組織液という

得点アップ

呼　吸

★ ヒトの呼吸運動を調べる実験

ガラス管（気管）
ゴム栓
ゴム風船（肺）
底を切ったプラスチック容器
ゴム膜（横隔膜）
ひも
下げたりもどしたりする

空気が吸い込まれる
ゴム風船がふくらむ

下げる

血液の循環

① 心臓のつくり

大動脈　肺動脈
大静脈　肺静脈
右心房　左心房
右心室　左心室

② 動脈血と静脈血
酸素を多く含む血液を動脈血といい，二酸化炭素を多く含む血液を静脈血という。

血液の成分

★ 血液の成分

白血球　赤血球
血小板　血しょう

サクッと練習

1 図1のような装置を用いて，ヒトの呼吸運動のしくみについて調べました。次の問いに答えなさい。

〔図1〕

ガラス管
ゴム栓
ゴム風船
底を切った
プラスチック容器
ゴム膜
ひも

(1) 図1で，ゴム膜はヒトのからだのどの部分にあたりますか。次のア〜エから1つ選びなさい。　[　　　　]
　　ア　肺　　イ　気管　　ウ　横隔膜　　エ　ろっ骨

(2) ゴム膜についたひもを下に引くと，ゴム風船はどうなりますか。　[　　　　]

(3) 次の（　　）にあてはまる言葉として，正しい組み合わせはどれですか。あとのア〜エから1つ選びなさい。　[　　　　]

　　ヒトが息をはくときには，横隔膜が（　①　），ろっ骨が（　②　）。これにより，胸腔の体積が（　③　）なり，空気がはき出される。

	ア	イ	ウ	エ
①	上がり	上がり	下がり	下がり
②	下がる	上がる	上がる	下がる
③	小さく	小さく	大きく	大きく

(4) 図2は，肺の一部を拡大したものです。Xのような小さな袋を何といいますか。　[　　　　]

(5) (4)のようなつくりは，どのような点で都合がよいですか。簡潔に書きなさい。　[　　　　]

〔図2〕

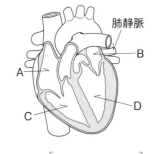

X
毛細血管

2 図は，ヒトの心臓を模式的に表したものです。次の問いに答えなさい。

肺静脈
B
A
D
C

(1) 図のA，Dの部分を何といいますか。
　　A[　　　　]　　D[　　　　]

(2) 図のCから出て肺を通り，Bへもどる血液の流れを何といいますか。　[　　　　]

(3) 肺静脈を流れる血液は，動脈血，静脈血のどちらですか。　[　　　　]

(4) 血液の成分のうち，酸素を運ぶはたらきをしているものはどれですか。次のア〜エから1つ選びなさい。　[　　　　]
　　ア　血しょう　　イ　赤血球　　ウ　血小板　　エ　白血球

> 🖐 酸素を多く含む血液を動脈血といい，二酸化炭素を多く含む血液を静脈血という。

18 〈2年〉 植物のはたらきと光合成

重要ポイント TOP3

維管束
道管と師管が集まった束。

蒸散
植物のからだの中の水が水蒸気となって出ていくこと。

呼吸と光合成
光合成は昼間だけ行われるが，呼吸は一日中行われる。

1 茎のつくりとはたらき

(1) 茎のつくりとはたらき……根から吸収した水や水に溶けた養分が通る<u>道管</u>と，葉でつくられた栄養分が通る<u>師管</u>が通っている。**道管**と**師管**が集まった束を<u>維管束</u>という。

(2) **維管束の並び方**……茎の横断面での維管束の並び方は，<u>単子葉類</u>では全体に散らばるように並び，<u>双子葉類</u>では輪のように並んでいる。

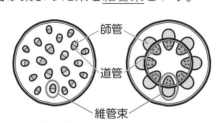

▲ 単子葉類　　▲ 双子葉類

2 葉のつくりとはたらき

(1) 葉のつくり……茎の維管束が枝分かれした葉の筋を<u>葉脈</u>という。葉脈が平行なものを<u>平行脈</u>，網目状のものを<u>網状脈</u>という。葉にある小さな部屋のようなものを<u>細胞</u>といい，中には緑色の<u>葉緑体</u>という粒がある。葉の表面には，2つの孔辺細胞に囲まれた<u>気孔</u>というすきまがある。
↳ふつう葉の裏側に多く見られる

▲ 網状脈　　▲ 平行脈

(2) **葉のはたらき**……**葉緑体**が光を受けると<u>光合成</u>が行われ，<u>二酸化炭素</u>と<u>水</u>から<u>デンプン</u>などの栄養分と<u>酸素</u>がつくられる。**気孔**からは根から吸い
↳ふつう昼開き，夜閉じる
上げられた水が水蒸気になって出ていく。このはたらきを<u>蒸散</u>という。また，植物は一日中酸素をとり入れて二酸化炭素を出す<u>呼吸</u>を行っている。

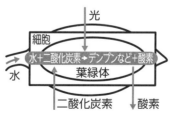

(3) **光合成と呼吸**……植物は，昼は呼吸よりも光合成を盛んに行い，夜は呼吸だけを行う。全体としては，二酸化炭素をとり入れて酸素を出しているように見える。

得点アップ

植物のからだのつくり

① **茎のつくり**
茎の中心側に道管，外側に師管がある。

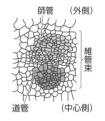

② **葉のつくり**
葉の表側に近いほうに道管，裏側に近いほうに師管がある。

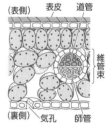

③ **気孔のつくり**

④ **葉のはたらきと気孔から出入りする物質**
蒸散では，水が水蒸気になって出ていく。光合成では，二酸化炭素がとり入れられ，酸素が出される。呼吸では，酸素がとり入れられ，二酸化炭素が出される。

サクッと練習

目標時間10分

[　　　]分

1 ヒマワリの茎を，赤インクを溶かした水に数時間入れたのち，右の図のように茎を切り，その断面を観察すると，Bの部分だけが赤く染まっていました。次の問いに答えなさい。

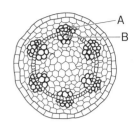

(1) A，Bの部分の名称を答えなさい。

A[　　　　　]　B[　　　　　]

(2) 葉でつくられた栄養分は，A，Bのどちらを通りますか。　　　[　　　　　]

(3) AとBの部分をあわせて何といいますか。　　　[　　　　　]

(4) 茎の横断面で，(3)が全体に散らばっている植物のなかまを何といいますか。

[　　　　　]

2 右の図は，葉の表面を顕微鏡で観察したときのようすです。次の問いに答えなさい。

(1) 図には，小さな部屋のようなものが多く見られます。この小さな部屋のようなものを何といいますか。　[　　　　　]

(2) 葉の細胞にある緑色の小さな粒を何といいますか。　　[　　　　　]

(3) 2つの孔辺細胞で囲まれたすきまXを何といいますか。　[　　　　　]

(4) 水が水蒸気になって主に(3)から出ていく現象を何といいますか。[　　　　　]

3 右の図は，光合成のようすを模式的に表したものです。

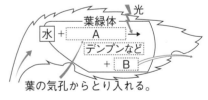

(1) 図のA，Bにあてはまる気体名をそれぞれ答えなさい。　A[　　　　　]　B[　　　　　]

(2) 植物が呼吸でとり入れる気体は，(1)のA，Bのどちらと同じですか。[　　　　]

(3) 光のあたる昼にはたらきが盛んになるのは，光合成と呼吸のどちらですか。

[　　　　　]

(4) 夜の光合成と呼吸のようすを正しく表しているものを次のア～ウから1つ選びなさい。

[　　　　]

ア　光合成と呼吸を行う　　イ　呼吸のみ行う　　ウ　光合成も呼吸も行わない

 Aは光合成でとり入れる気体，Bは光合成で生じる気体である。

19 〈2年〉 気象観測と天気の変化

1 圧力

(1) 圧力……面を垂直におす単位面積あたりの力の大きさ。
　↳ 1 m² など
　単位はパスカル（記号 Pa）。
　↳ または，ニュートン毎平方メートル（記号 N/m²）

$$圧力〔Pa（または N/m²）〕 = \frac{面を垂直におす力〔N〕}{力がはたらく面積〔m²〕}$$

(2) 大気圧（気圧）……空気にはたらく重力によって生じる圧力。
　↳ 1気圧は約 1013 hPa，100 Pa = 1hPa
　標高が高くなるほど，大気圧は小さくなる。

2 気象の観測

★ 飽和水蒸気量と湿度……ある気温で空気が含むことのできる最大限度の水蒸気量を飽和水蒸気量といい，飽和水蒸気量に対する実際の空気中の水蒸気量の割合を湿度という。

$$湿度〔\%〕 = \frac{空気 1 m³ 中に含まれている水蒸気量〔g/m³〕}{その気温での飽和水蒸気量〔g/m³〕} ×100$$

3 天気の変化

(1) 低気圧と高気圧……低気圧の中心付近では，
　↳ まわりより気圧が低いところ
　左回りに風が吹き込み，上昇気流が発生する。
　高気圧の中心付近では，
　↳ まわりより気圧が高いところ
　右回りに風が吹き出し，下降気流が発生する。

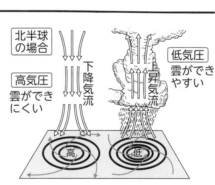

北半球の場合

低気圧 雲ができやすい
高気圧 雲ができにくい
下降気流　上昇気流

(2) 前線と天気の変化
　↳ 前線面と地面が交わってできる線
　温暖前線は暖気が寒気の上にはい上がるように進み，寒冷前線は寒気が暖気をおし上げるように進む。

		寒冷前線	温暖前線
発達する雲		積乱雲	乱層雲
雨の降る	範囲	狭い	広い
	時間	短い	長い
	強さ	激しい	おだやか
前線の通過後	風向	北より	南より
	気温	下がる	上がる

暖気　寒気
寒気　低　温暖前線　寒冷前線　暖気

得点アップ

圧力の大きさ

★ 圧力
　同じ大きさの力がはたらいていても，はたらく面積が小さいほど圧力は大きくなる。

気象の観測

① 雲のでき方

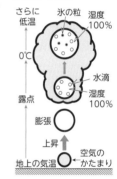

さらに低温　氷の粒　湿度100%
0℃　水滴　湿度100%
露点
膨張
上昇　空気のかたまり
地上の気温

② 露点
　空気中の水蒸気が水滴に変わることを凝結，凝結し始める温度を露点という。

大気の動き

★ 海風と陸風

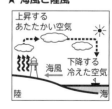

上昇するあたたかい空気
下降する冷えた空気
海風
陸　海

下降する冷えた空気　上昇するあたたかい空気
陸風
陸　海

サクッと練習

1 右の図のような質量 600 g の物体をスポンジの上に置き，面A，B，Cを下にしたときのスポンジがへこむ深さを調べました。次の問いに答えなさい。ただし，100 g の物体にはたらく重力の大きさを 1 N とします。

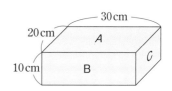

(1) スポンジが最も深くへこむのはどの面を下にしたときですか。A〜Cの記号で答えなさい。また，そのとき物体がスポンジにおよぼす圧力は何 Pa ですか。

記号 [　　　　　] 圧力 [　　　　　]

(2) スポンジに接する面積とスポンジがへこむ深さにはどのような関係がありますか。

[　　　　　　　　　　　　　　　　　　　　　　　　　　　]

2 気温 25 ℃における飽和水蒸気量は，23.1 g/m³ です。25 ℃で 1 m³ 中に 12.8 g の水蒸気を含む空気の湿度は何％ですか。小数第 1 位を四捨五入して，整数で求めなさい。

[　　　　　　　]

3 図はある日の天気図を表しています。次の問いに答えなさい。

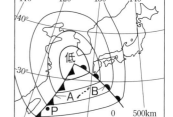

(1) 低気圧の中心付近における空気の流れを，次のア〜エから 1 つ選びなさい。　[　　　　　]

(2) 図のAの前線を何といいますか。 [　　　　　]

(3) 図のBの前線付近の断面のようすを，次のア〜エから 1 つ選びなさい。 [　　　　　]

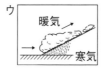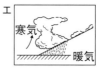

(4) 図の地点Pにおいて，前線通過後の「気温」と「風向」はどうなりますか。簡潔に書きなさい。 [　　　　　　　　　　　　　　　　　　]

 湿　度〔％〕＝ $\dfrac{\text{空気 1 m}^3\text{ 中に含まれている水蒸気量〔g/m}^3\text{〕}}{\text{その気温での飽和水蒸気量〔g/m}^3\text{〕}}$ ×100 の公式を使って求めよう！

20 〈2年〉 日本の天気

重要ポイント TOP3

シベリア気団
冬にシベリア付近で発達する冷たく，乾いた気団。

偏西風
中緯度帯の上空に一年中吹いている西よりの風。

梅雨前線
梅雨の時期に発達する停滞前線。

1 日本付近の気団

(1) シベリア気団……<u>冬</u>にシベリア付近で発達する冷たく，乾いた寒気団。
　　↳冷たい大気のかたまり

(2) オホーツク海気団……夏の前にオホーツク海上で発達する冷たく，<u>湿った</u>寒気団。

(3) 小笠原気団……<u>夏</u>に日本の南東の海上で発達する**あたたかく**，<u>湿った</u>暖気団。
　　↳あたたかい大気のかたまり

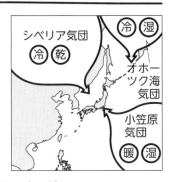

2 日本の天気

(1) 冬の天気……シベリア付近で高気圧が，日本の東の海上で低気圧が発達して<u>西高東低</u>の気圧配置となり，シベリア気団から<u>北西</u>の季節風が吹き，日本海側に大雪を降らせる。
　　↳等圧線は縦(南北)に走る

▲ 冬の気圧配置(西高東低)

(2) 春・秋の天気……偏西風の影響を受けて，<u>移動性高気圧</u>と低気圧が交互に日本付近を通過し，周期的に天気が変わる。
　　↳中緯度上空に吹く，西よりの風
　　↳天気は西から東へ変わることが多い

(3) 夏の天気……日本の南側で<u>太平洋高気圧</u>が発達し，日本列島は小笠原気団におおわれ，<u>南東</u>の季節風が吹く。

▲ 夏の気圧配置

(4) 梅雨(つゆ)……オホーツク海気団と小笠原気団がほぼ同じ勢力でぶつかり，<u>梅雨前線</u>とよばれる停滞前線が発生する。
　　↳ばいうぜんせん　↳ていたい

(5) 台　風……日本の南の海上で発生した<u>熱帯低気圧</u>のうち，最大風速が **17.2 m/s** をこえたもの。小笠原気団の勢力が弱まると日本に接近，上陸し，<u>大雨</u>と<u>強風</u>をもたらす。
　　↳前線をともなわない

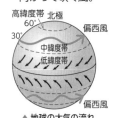

サクッと練習

目標時間10分

□ 分

1 右の図のA～Cは，日本の天気に影響をおよぼす気団を表したものである。次の問いに答えなさい。

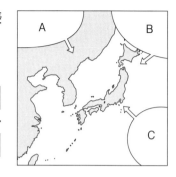

(1) 図のA，Bの気団をそれぞれ何といいますか。

A [   ] B [   ]

(2) 図のCの気団が発達する季節はいつですか。次のア～エから1つ選びなさい。 [   ]

ア 春　イ 夏　ウ 秋　エ 冬

(3) 図のA～Cの気団のうち，あたたかく，湿った大気のかたまりはどれですか。

[   ]

2 図1，2は日本のある季節の天気図を示したものです。次の問いに答えなさい。

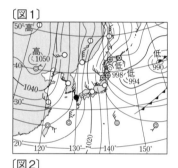

〔図1〕

〔図2〕

(1) 図1の季節に見られる気圧配置を何といいますか。

[   ]

(2) 図1の季節の季節風はどの方向から吹いてきますか。次のア～エから1つ選びなさい。 [   ]

ア 南 東　イ 南 西
ウ 北 東　エ 北 西

(3) 図2の天気図は，天気が周期的に変化する季節のものです。この季節を次のア～エから1つ選びなさい。 [   ]

ア 春　イ 夏　ウ 梅雨　エ 冬

(4) 図2の季節に見られる，日本付近を低気圧と交互に通り過ぎる高気圧を何といいますか。

[   ]

(5) 図2で，天気はどちらの方向からどちらの方向に移り変わりますか。

[   ]

(6) 熱帯低気圧のうち，中心付近の最大風速が 17.2 m/s 以上になったものを何といいますか。 [   ]

図1は冬の天気図を示している。冬には大陸から冷たい季節風が吹く。

1 年

★光の反射

光が鏡などの面で反射するとき，入射角＝反射角

★光の屈折

光が空気中から水中に進むとき，入射角＞屈折角

光が水中から空気中に進むとき，入射角＜屈折角

★音の大きさと高さ

振幅が大きいほど音は大きく，振動数が多いほど音は高い。

★フックの法則

ばねの伸びはばねを引く力の大きさに比例する。

★2力がつりあう条件

・2力は一直線上にある。

・2力の向きは反対である。

・2力の大きさは等しい。

★密度

$$密度〔g/cm^3〕＝\frac{物質の質量〔g〕}{物質の体積〔cm^3〕}$$

★質量パーセント濃度

$$質量パーセント濃度〔％〕＝\frac{溶質の質量〔g〕}{溶液の質量〔g〕}×100$$

$$＝\frac{溶質の質量〔g〕}{溶媒の質量〔g〕＋溶質の質量〔g〕}×100$$

★状態変化と温度

物質は温度によって，固体，液体，気体と変化する。

融点…固体の物質が液体に変化するときの温度。

沸点…液体の物質が気体に変化するときの温度。

★状態変化と体積・質量

状態変化するとき，物質の体積は変化するが，物質の質量は変わらない。

★顕微鏡の倍率

顕微鏡の倍率＝接眼レンズの倍率×対物レンズの倍率

★被子植物

受粉後，胚珠は種子になり，子房は果実になる。

★マグマの粘り気と火山の形・溶岩の色・噴火のしかた

マグマの粘り気が弱い…平たい形の火山。溶岩の色は黒っぽく，噴火はおだやか。

マグマの粘り気が強い…おわんをふせた形の火山。溶岩の色は白っぽく，噴火は激しい。

★初期微動継続時間

震源からの距離が大きいほど初期微動継続時間は長くなる。

2 年

●電流の大きさ

直列回路…$I＝I_1＝I_2＝I_3$

並列回路…$I＝I_1＋I_2$

●電圧の大きさ

直列回路…$V＝V_1＋V_2$

並列回路…$V＝V_1＝V_2$

●抵抗の大きさ

直列回路…$R＝R_1＋R_2$

並列回路…$\dfrac{1}{R}＝\dfrac{1}{R_1}＋\dfrac{1}{R_2}$

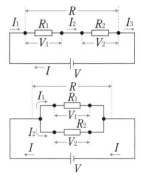

●オームの法則

電熱線を流れる電流の大きさは，電熱線に加わる電圧の大きさに比例する。

$$抵抗〔Ω〕＝\frac{電圧〔V〕}{電流〔A〕}$$

●電力

電力〔W〕＝電圧〔V〕×電流〔A〕

●熱量

熱量〔J〕＝電力〔W〕×時間〔s〕

●電力量

電力量〔J〕＝電力〔W〕×時間〔s〕

●質量保存の法則

化学変化の前後で物質全体の質量は変化しない。

➡化学変化の前後で，物質をつくる原子の組み合わせは変化するが，原子の種類と数は変化しないため。

●化学変化と質量の割合

化学変化における物質の質量の比はつねに一定である。

例：（酸化銅）銅：酸素＝4：1

　　（酸化マグネシウム）マグネシウム：酸素＝3：2

●主な化学反応式

水の電気分解…$2H_2O \longrightarrow 2H_2 + O_2$

鉄と硫黄の反応…$Fe + S \longrightarrow FeS$

銅の酸化…$2Cu + O_2 \longrightarrow 2CuO$

酸化銅の炭素による還元…$2CuO + C \longrightarrow 2Cu + CO_2$

●圧力

$$圧力〔Pa または N/m^2〕＝\frac{面を垂直におす力〔N〕}{力がはたらく面積〔m^2〕}$$

●湿度

$$湿度〔％〕＝\frac{空気1m^3中に含まれている水蒸気量〔g/m^3〕}{その気温での飽和水蒸気量〔g/m^3〕}×100$$

中学1・2年の総復習テスト ❶

70点で合格!

点

1 凸レンズの性質について調べるため，次の実験1～3を行いました。これについて，下の問いに答えなさい。(50点)

〔実験1〕 図1のように，凸レンズとスリット，白い画用紙を用意し，スリットを通る太陽光を観察した。凸レンズは光軸に垂直で，スリットを通った3本の光は光軸上の1点に集まった。このとき，凸レンズの中心から光が集まった点までの距離は **12 cm** だった(図2)。

〔実験2〕 図3のように，実験1で使った凸レンズを光学台の O に固定し，光源を A から C まで **2 cm** ずつ凸レンズに近づけ，そのたびにスクリーン上に像がはっきりうつるようにスクリーンも動かした。

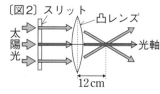

※光学台の下の数字は，Oからの距離〔cm〕を表している。

〔実験3〕 実験2ののち，凸レンズは O に固定したまま，光源の位置を D にすると，スクリーンを移動させてもはっきりとした像をうつすことはできなかった。そこで，スクリーンをとりはずし，光軸上から凸レンズを通して光源を見ると，光源が同じ向きに大きく見えた。

(1) 実験1で，スリットを通った3本の光が光軸上に集まった点を何といいますか。その名称を書きなさい。(5点)

[　　　　　　　　　　]

(2) 図4の矢印をつけた線分Pは，実験2において，光源がBの位置にあるとき，光源から出た光の道筋の一部を示したものです。Pが凸レンズを通りすぎたあとの道筋とスクリーン

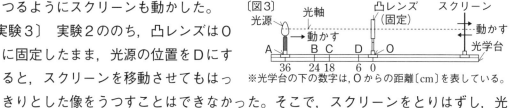

(1目盛りを2cmとする)

上にできる実像を，図4に矢印で描き入れなさい。ただし，レンズによる光の屈折は，図4の破線で示したレンズの中心線で1回屈折するものとし，また，作図に用いた線は残しておくこと。(20点)

(3) 実験2で，光源の位置をAからCまで動かしたとき，スクリーン上にできる像の大きさはどうなりますか。簡潔に書きなさい。(20点)

[　　　　　　　　　　　　　　　　　　　　　　　　　　　　]

(4) 実験3で，光軸上から凸レンズを通して光源を見たときに見える像を何といいますか。その名称を書きなさい。(5点)

[　　　　　　　　]　〔千葉－改〕

2

植物のはたらきを調べるために，オオカナダモを用いて，次の実験を行いました。これについて，下の問いに答えなさい。(50点)

〔実験1〕 十分に光をあてたオオカナダモの先端近くの葉をとって，熱湯にひたしたあと，あたためたエタノールの中に入れて脱色した。脱色した葉を水洗いし，ヨウ素液を落とし，顕微鏡で観察したところ，細胞の中に青紫色に染まった粒がたくさん見られた。

〔実験2〕 青色のＢＴＢ溶液を用意し，息を吹き込んで緑色にした。右の図のように，この緑色のＢＴＢ溶液を三角フラスコＡ，Ｂに入れ，三角フラスコＡにはオオカナダモを入れた。両方の三角フラスコに十分に光をあてたところ，三角フラスコＡの溶液だけが青色になった。

緑色のBTB溶液

〔実験3〕 実験2のあと，三角フラスコＡ，Ｂを暗いところに置き，1時間放置したところ，三角フラスコＡの溶液は青色から緑色になったが，三角フラスコＢの溶液には変化が見られなかった。

(1) 実験1について，次の文中の $\boxed{X}$，$\boxed{Y}$ に最もよくあてはまる用語をそれぞれ書きなさい。(各5点)　　　　X [　　　　　]　Y [　　　　　]

　　　実験1で観察された青紫色に染まった粒は $\boxed{X}$ である。光合成は $\boxed{X}$ で行われ，この中に $\boxed{Y}$ がつくられたことがわかる。

(2) 実験2について，次の問いに答えなさい。

　① 三角フラスコＡの溶液が青色に変化した理由として最も適当なものを，次のア〜エから1つ選びなさい。(10点)　　　　　　　[　　　　　]
　　　ア　溶液中の二酸化炭素が多くなったから。
　　　イ　溶液中の二酸化炭素が少なくなったから。
　　　ウ　溶液中の酸素が多くなったから。
　　　エ　溶液中の酸素が少なくなったから。

　② オオカナダモを入れない三角フラスコＢを用いて実験を行うのはなぜですか。その理由を書きなさい。(20点)
　　[　　　　　　　　　　　　　　　　　　　　　　　　　　　　　　　]

(3) 実験3について，三角フラスコＡの溶液が青色から緑色になったのは，植物のどのようなはたらきによるものですか。その用語を書きなさい。(10点)
　　　　　　　　　　　　　　　　　　　　　　[　　　　　]　〔新 潟〕

中学1・2年の総復習テスト ②

⏱ 20分

70点で合格！ 点

1 金属の酸化について調べるために，右の図のような装置を使って，次の実験を行いました。これについて，下の問いに答えなさい。(50点)

ステンレス皿

〔実験1〕 銅の粉末 1.00 g をステンレス皿に入れ，加熱する時間を変えてステンレス皿の中の物質の質量を測定する実験を行ったところ，表1のような結果が得られた。

〔表1〕

加熱時間〔分〕	0	3	6	9	12	15
ステンレス皿の中の物質の質量〔g〕	1.00	1.07	1.14	1.21	1.25	1.25

〔実験2〕 ある金属Xの粉末 1.00 g をステンレス皿に入れ，加熱する時間を変えてステンレス皿の中の物質の質量を測定する実験を行ったところ，表2のような結果が得られた。なお，金属Xは単体である。

〔表2〕

加熱時間〔分〕	0	3	6	9	12	15
ステンレス皿の中の物質の質量〔g〕	1.00	1.24	1.48	1.67	1.67	1.67

(1) 実験1において，銅の粉末をステンレス皿に入れるときに注意することは何ですか，次のア〜エから適切なものを1つ選びなさい。(10点) [   ]

ア 加熱したとき物質が飛び散らないように，銅の粉末をできるだけ中央に集める。

イ 加熱したとき物質が飛び散らないように，銅の粉末をできるだけうすく広げる。

ウ 加熱したとき酸素とよく反応するように，銅の粉末をできるだけ中央に集める。

エ 加熱したとき酸素とよく反応するように，銅の粉末をできるだけうすく広げる。

(2) 実験1について，加熱時間と銅と反応した酸素の質量の関係を，右にグラフで表しなさい。(10点)

(3) 実験1について，加熱時間3分のときにまだ酸化されていない銅の質量は，もとの銅の質量の何％ですか。次のア〜オから1つ選びなさい。(10点) [   ]

ア 93 ％　　イ 72 ％　　ウ 36 ％

エ 28 ％　　オ 7 ％

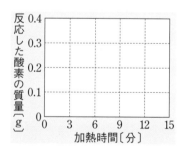

(4) 銅は空気中で加熱すると酸化銅 CuO になります。この化学変化を，化学反応式で表しなさい。(10点) [   ]

(5) 実験1と実験2の結果から，同じ質量の酸素と反応する銅の質量と金属Xの質量の比を求めるとどうなりますか。最も近いものを次のア〜オから1つ選びなさい。(10点) [   ]

ア 3:4　　イ 3:8　　ウ 4:1　　エ 4:3　　オ 8:3

〔石川－改〕

2

低気圧からのびる前線Ａが長野県内のある地点Ｂを通過するときの気象の変化を調べました。図１は４月10日９時の，図２は翌日９時の天気図です。これについて，下の問いに答えなさい。(50点)

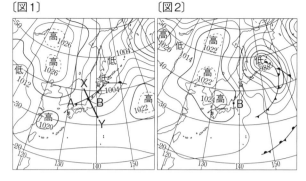

〔図1〕 〔図2〕

(1) Ａは何という前線ですか。書きなさい。(5点) [   ]

(2) 図3の装置を使って，ＸＹの断面の空気の動き方を調べました。前線Ａが地点Ｂを通過するときのようすを表した最も適当なものを次のア〜エから１つ選びなさい。(5点) [   ]

〔図3〕
仕切り

| あたたかい空気 | 冷たい空気 |

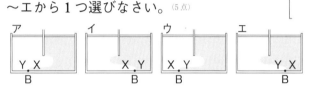

(3) 表は，４月10日の地点Ｂの気象を観測した結果です。前線Ａが地点Ｂを通過したのはいつと考えられますか。適切なものを次のア〜オから１つ選びなさい。(5点) [   ]

ア　10〜12時　　イ　12〜14時
ウ　14〜16時　　エ　16〜18時
オ　18〜20時

時刻	気圧〔hPa〕	気温〔℃〕	湿度〔%〕	風向	天気
9	1010	15.4	33	南西	◐
10	1009	17.7	20	西南西	◐
11	1007	19.3	17	南南西	◐
12	1007	18.0	22	西南西	◐
13	1008	16.4	32	南西	◎
14	1007	17.0	35	南西	◎
15	1009	13.7	47	北	◎
16	1011	10.8	56	北	◎
17	1012	10.1	54	北北西	◎
18	1013	8.2	56	北	◎
19	1015	6.5	59	北北西	◐
20	1017	4.5	65	北北西	◎
21	1018	3.8	67	西北西	◎

(4) 表の14時，20時の飽和水蒸気量はそれぞれ14.5 g/m³，6.6 g/m³ です。14時と20時を比べ，１m³ の空気に含まれる水蒸気の質量が大きいほうの時刻を書きなさい。また，その時刻の１m³ の空気に含まれる水蒸気の質量は何ｇですか，小数第２位を四捨五入して小数第１位まで求めなさい。(各10点)

時刻 [   ]　水蒸気の質量 [   ]

(5) 春の天気の特徴と日本列島付近の大気の動きについてまとめた次の文の あ ， い にはあてはまる高気圧の名称を， う にはあてはまる大気の動きの名称をそれぞれ書きなさい。(各5点)　あ [   ]　い [   ]　う [   ]

　春になると， あ が弱まるため，低気圧と い が次々に日本列島付近を通り，同じ天気が長く続かない。この低気圧と い はユーラシア大陸の南東部で発生し，中緯度帯上空の う の影響を受けて，図２のように西から東に向かって動いていく。そのため，天気は西から東へ変わることが多い。

〔長野−改〕

中学1・2年の総復習テスト ❸

30分

70点で合格！

点

1 図1のように，石灰石にうすい塩酸を加え二酸化炭素を発生させ，ペットボトルに集めました。二酸化炭素の量がペットボトルの半分ぐらいになったところでふたをし，水槽からとり出しました。とり出したペットボトルを激しく振ると図2のようにつぶれました。これについて，下の問いに答えなさい。(20点)

〔図1〕

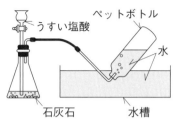

うすい塩酸　ペットボトル　水　石灰石　水槽

〔図2〕

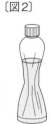

(1) 二酸化炭素のように化合物に分類される物質を，次からすべて選びなさい。(5点)
ア Cl_2　イ NH_3　ウ Cu　エ $BaSO_4$　[　　　　　]

(2) 図1のような気体の集め方を何といいますか。(5点)　[　　　　　]

(3) 図2のペットボトルから水をとり，ビーカーに入れた石灰水に加えると，石灰水は白く濁りました。次に，図1の水槽から水をとり，別のビーカーに入れた石灰水に加えると，石灰水は白く濁りませんでした。ペットボトルからとった水を加えた石灰水が白く濁ったのはなぜですか。(10点)
[　　　　　　　　　　　　　　　　　　　　　　　　　　]　〔鹿児島－改〕

2 心臓は血液の循環の中心となっています。ヒトの心臓は，拍動することで，全身や肺に血液を送り出しています。心臓から出た血液は，動脈を通って毛細血管に達し，静脈を通って心臓にもどります。このように血液が循環することによって，酸素や栄養分などの必要な物質や，二酸化炭素やアンモニアなどの不要な物質を運んでいます。図は正面から見たヒトの心臓の断面のようすを表したものであり，ア，イ，ウ，エは血管を，A，B，C，Dは心臓の各部屋を表しています。これについて，下の問いに答えなさい。(20点)

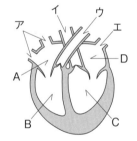

(1) 心臓から血液を送り出すときに収縮する心臓の部屋はどれですか。図のA～Dからすべて選びなさい。(5点)　[　　　　　]

(2) 図のア～エのうち，動脈血が流れている静脈はどれですか。(5点)　[　　　　　]

(3) 酸素は血液中の赤血球によって運ばれます。赤血球に含まれ，酸素と結びつく物質を何といいますか。(5点)　[　　　　　]

(4) 血液によって運ばれるアンモニアは，どのようにして体外に排出されますか。肝臓と腎臓のはたらきに着目して簡潔に書きなさい。(5点)
[　　　　　　　　　　　　　　　　　　　　　　　　　　]　〔栃木－改〕

3 地震は，主にプレートの動きによって引き起こされると考えられている。プレートの動きによって大地をつくっている岩石に力が加わり，その力にたえきれなくなった岩石が破壊され大地がずれると地震が発生する。これについて，下の問いに答えなさい。(30点)

(1) 日本列島付近にあるユーラシアプレート，北アメリカプレート，太平洋プレート，フィリピン海プレートのうち，海洋プレート(海のプレート)である太平洋プレートとフィリピン海プレートの動く向きとして最も適当なものを，次のア～エから選びなさい。(5点) 　[　　　]

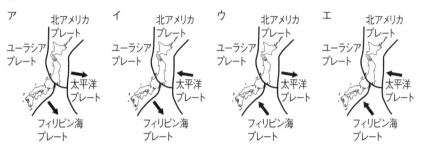

(2) 下線部によって生じる「大地のずれ」を何といいますか。(5点)　[　　　]

(3) 震源の真上の地表の点を何といいますか。(5点)　[　　　]

(4) 図は，ある場所で発生した地震について，震源からの距離とP波とS波がそれぞれ届くまでの時間の関係を表したものです。ただし，P波とS波はそれぞれ一定の速さで伝わるものとします。

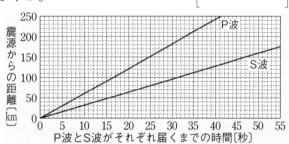

① この地震は，9時34分55秒に発生し，ある観測点にP波が9時35分20秒に届きました。この観測点にS波が届く時刻として最も適当なものを，次のア～エから1つ選びなさい。(5点)　[　　　]

ア　9時35分33秒　　イ　9時35分38秒

ウ　9時35分42秒　　エ　9時35分47秒

② 図について説明した次の文の(a)，(b)に適する語句を，あとの語群の中から選んで書きなさい。ただし，同じ語句を二度用いてもかまいません。(各5点)

a [　　　　　]　b [　　　　　]

> 震源から50 kmの観測点での初期微動継続時間と比較して，震源から100 kmの観測点での初期微動継続時間は(a)。震源から100 kmの観測点での初期微動継続時間と比較して，震源から150 kmの観測点での初期微動継続時間は(b)。

語群　　短い　　長い　　変わらない

〔長崎－改〕

4 電気に関して次の実験を行いました。これについて，下の問いに答えなさい。(30点)

〔実験１〕　図１のＰＱ間の
　　　　　[　]部にア〜エをつなぎ，
　　　　　ＰＱ間の電圧を変えなが
　　　　　ら，電流の大きさを測定
　　　　　した。図２は，アをつな
　　　　　いだときの電圧と電流の
関係である。ただし，抵抗器Ｂの抵抗の大きさは抵抗器Ａの２倍である。

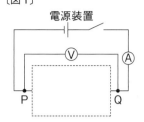

〔図1〕

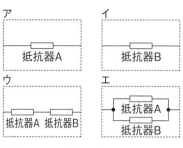

(1) 図２より，抵抗器Ａの抵抗の大きさは何Ωですか，求めなさい。(5点)　[　　　　　　]

(2) 図１において，ウをつないだ場合，ＰＱ間に加わる電圧と流れる電流の関係を表すグラフを図２に描き加えなさい。(5点)

〔図2〕

(3) 図１において，ア〜エをつなぎ，ＰＱ間の電圧が同じときの電流の大きさを比べました。電流計の示す値の小さいほうから順に並べなさい。(5点)
[　　　　　　　　　　　　　　　]

〔実験２〕　図３のように，コイルに棒磁石のＮ極を近づけたり
　　　　　遠ざけたりし，その後，Ｓ極を下にして同じように動かした。
　　　　　棒磁石のＮ極を近づけるとき，検流計の針は−の向きに振れ
　　　　　た。

〔図3〕

(4) Ｎ極を遠ざけるときとＳ極を近づけるときの針の振れる組み合わせとして，正しいものを次のア〜オから１つ選びなさい。
(5点)　[　　　　　]

	ア	イ	ウ	エ	オ
Ｎ極を遠ざけるとき	＋の向き	＋の向き	−の向き	−の向き	振れない
Ｓ極を近づけるとき	＋の向き	−の向き	＋の向き	−の向き	振れない

(5) この検流計の針を大きく振れるようにするには，例えば，磁力の強い磁石を用いる方法がありますが，ほかにどのような方法がありますか，１つ書きなさい。(10点)
[　　　　　　　　　　　　　　　　　　　　　　　　　　　　　]〔富山〕

○ **Q.1** 反射角は何度？

着眼点
光が鏡などの面で反射するとき，反射の法則がなりたつ。

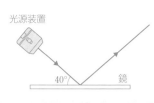

○ **Q.2** ア〜カで，光の進み方が正しいのはどれ？

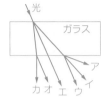

着眼点
光がガラス中から空気中に進むときは，入射角＜屈折角

○ **Q.3** A，Bどちらが高い音？

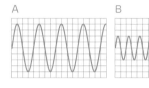

着眼点
音の高さは振動数で決まる。

○ **Q.4** 地球上で質量が600gの物体は，月面上では何g？

用語
質量…物体そのものの量。

○ **Q.5** ばねの伸びが20cmのとき，つるしたおもりの質量は何g？

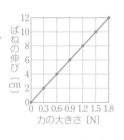

用語
フックの法則…ばねの伸びはばねを引く力の大きさに比例する。

○ **Q.6** A，Bのうち，空気の量を調節するねじはどちら？

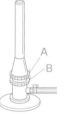
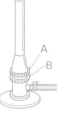

着眼点
点火したあと，ガスの量を調節してから空気の量を調節する。

○ **Q.7** B〜Fのうち，Aと同じ物質はどれ？

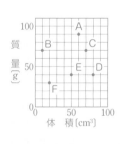

着眼点
密度は物質の種類によって決まっている。

○ **Q.8** 発生する気体は何？

着眼点
二酸化マンガンは変化しない。

○ **Q.9** A〜Cのうち，アンモニアの気体の集め方はどれ？

着眼点
アンモニアは，水に非常によく溶け，空気より密度が小さい。

○ **Q.10** 食塩水の質量パーセント濃度は何％？

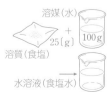

着眼点
溶液の質量
＝溶媒の質量＋溶質の質量

○ **Q.11** 蒸留装置，□□□に入る語句は？

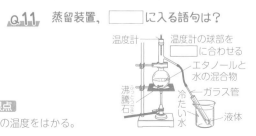

着眼点
蒸気の温度をはかる。

A1 50°

ワンポイント
- 鏡の面に垂直な直線と入射する光，反射する光との間の角をそれぞれ入射角，反射角という。
- 反射の法則…入射角＝反射角

要点チェックカードの使い方

◎理解しておきたい最重要問題を選びました。表面に問題，裏面に解答があります。学習を進めて，確実に理解しましょう。
◎----線にそって切りはなし，パンチでとじ穴をあけて，カードにしましょう。リングに通しておくと便利です。

A3 B

ワンポイント
- 波形の図で，横軸は時間，縦軸は振幅を表している。
- 一定時間の波の数が多いほど振動数が多く，高い音になる。
- 音は，振幅が大きいほど大きく，振動数が多いほど高くなる。

A2 オ

ワンポイント
- 光が空気中からガラス中に進むときは，入射角＞屈折角
- 光がガラス中から空気中に進むときは，入射角＜屈折角
  入射角が一定以上大きくなると全反射する。

A5 300 g

ワンポイント
- グラフを利用する。伸びが 10 cm のとき，引く力は 1.5 N。
- 100 g の物体にはたらく重力の大きさは 1 N である。

A4 600 g

ワンポイント
- 物体の質量は場所によって変わらない。
- 物体の「重さ」は，月面上では約 6 分の 1 になる。

A7 F

ワンポイント
- 密度〔g/cm³〕＝$\dfrac{\text{物質の質量〔g〕}}{\text{物質の体積〔cm}^3\text{〕}}$

A6 A

ワンポイント
- A は空気調節ねじ，B はガス調節ねじである。
- ガス調節ねじで炎の大きさを調節し，空気調節ねじで青い炎にする。

A9 B

ワンポイント
- 水上置換法…水に溶けにくい気体を集める。
- 上方置換法…水に溶け，空気より密度が小さい気体を集める。
- 下方置換法…水に溶け，空気より密度が大きい気体を集める。

A8 酸 素

ワンポイント
- 石灰石にうすい塩酸を加えると二酸化炭素が発生する。
- 鉄や亜鉛にうすい塩酸を加えると水素が発生する。

A11 フラスコの枝の高さ

ワンポイント
- 蒸留によって，沸点のちがいを利用して混合物からそれぞれの物質をとり出すことができる。
- 沸騰石は急な沸騰（突沸）を防ぐために入れる。

A10 20 ％

ワンポイント
- 質量パーセント濃度〔％〕＝$\dfrac{\text{溶質の質量〔g〕}}{\text{溶液の質量〔g〕}}\times 100$

A13 ア

ワンポイント
- 接眼レンズ，対物レンズの順にとりつけ，対物レンズとプレパラートの間隔を離しながらピントを合わせる。

A12 B

ワンポイント
- 倍率を高くすると，低倍率のときよりも見える範囲はせまくなり，明るさは暗くなる。
- 対物レンズの倍率をかえるときはレボルバーを回す。

A15 B

ワンポイント
- シダ植物には根・茎・葉の区別があるが，コケ植物には根・茎・葉の区別がない。
- シダ植物は胞子でふえる。

A14 B

ワンポイント
- 受粉すると子房が果実になり，胚珠が種子になる。
- 胚珠が子房の中にある種子植物を被子植物という。
- 胚珠がむき出しになっている種子植物を裸子植物という。

A17 両生類

ワンポイント
- 水中で生活する魚類はえらで呼吸し，陸上で生活するハ虫類・鳥類・ホ乳類は肺で呼吸する。
- 両生類の子は水中で生活し，親は陸上で生活する。

A16 単子葉類

ワンポイント
- 被子植物は双子葉類と単子葉類に分けられる。
- 双子葉類の葉脈は網目状で，根は主根と側根になっている。
- 双子葉類は花弁のつき方で，合弁花類と離弁花類に分けられる。

A19 斑状組織

ワンポイント
- 火山岩は，マグマが地表や地表付近で急に冷え固まってでき，深成岩は，マグマが地下深くでゆっくり冷え固まってできる。
- 深成岩のつくりは等粒状組織（B）である。

A18 A

ワンポイント
- マグマの粘り気が弱いほど平たい形の火山になり，溶岩の色は黒っぽくなる。
- 噴火は，マグマの粘り気が強いほど激しくなる。

A21 太平洋

ワンポイント
- 火山や震源の分布はプレートどうしの衝突や沈みこみによってできる境界（海溝）に沿っている。

A20 8秒

ワンポイント
- P波の到着で初期微動が起こり，S波の到着で主要動が起こる。
- P波とS波は震源で同時に発生するが，P波のほうがS波よりも速さがはやいので，先に到着する。

A23 アンモナイト

ワンポイント
- 示相化石は地層が堆積した当時の環境を知る手がかりとなる。
- シジミは淡水の環境を示す示相化石である。
- 化石は堆積岩に含まれ，火成岩には含まれない。

A22 E 層

ワンポイント
- 地層は，ふつう，下の層ほど古く，上の層ほど新しい。
- しゅう曲などによって，地層の上下が逆転することもある。
- 火山灰の層があると，当時火山活動があったことがわかる。

○ **Q12** A，Bのうち，倍率の高い対物レンズはどちら？

着眼点
対物レンズの長さが長いほど，プレパラートとの間の距離が短くなる。

A　B

○ **Q13** 顕微鏡の像Aを中央に動かすには，プレパラートを，ア，イどちらに動かす？

着眼点
顕微鏡の像は，上下左右が逆に見える。

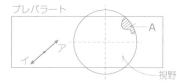

プレパラート
ア
イ
A
視野

○ **Q14** A～Eのうち，受粉後種子になる部分はどれ？

用語
受粉…花粉がめしべの柱頭につくこと。

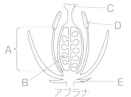

C
D
A
B
E
アブラナ

○ **Q15** A，B，Cのうち，茎はどれ？

イヌワラビ

着眼点
シダ植物は根・茎・葉の区別がある。

C
B
A

○ **Q16** 図の特徴をもつ植物は被子植物の何類？

葉脈のようす　　　根のようす

着眼点
葉脈は平行に通っていて，根はひげ根である。

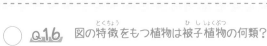

○ **Q17** カエルはセキツイ動物の何類のなかま？

	魚類	両生類	ハ虫類	鳥類	ホ乳類
生活場所	水中		陸上		
呼吸器官	えら		肺		

着眼点
水中で生活するセキツイ動物はえらで呼吸し，陸上で生活するセキツイ動物は肺で呼吸する。

○ **Q18** A～Cのうち，溶岩の色が最も白っぽいのはどれ？

着眼点
マグマの粘り気が強いほど，溶岩の色は白っぽくなる。

A　　　　　B
おわんをふせた形　円すいの形
C

平たい形

○ **Q19** Aの岩石のつくりを何という？

着眼点
マグマの冷え固まり方のちがいで岩石のつくりが異なる。

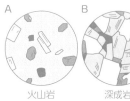

A　　　　　B
火山岩　　深成岩

○ **Q20** 震源から60kmの地点の初期微動継続時間は何秒？

着眼点
初期微動継続時間は，震源からの距離に比例する。

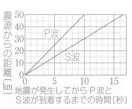

震源からの距離(km)
P波
S波
地震が発生してからP波とS波が到着するまでの時間(秒)

○ **Q21** 日本付近の4枚のプレート，□□□は？

着眼点
プレートには，大陸名や海洋名がつけられている。

ユーラシアプレート
北アメリカプレート
日本海溝
プレートの動く方向
フィリピン海プレート

○ **Q22** A層～E層のうち，最も古くに堆積した層はどれ？

着眼点
地層の上下の逆転はなかったものとする。

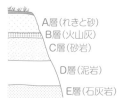

A層(れきと砂)
B層(火山灰)
C層(砂岩)
D層(泥岩)
E層(石灰岩)

○ **Q23** 中生代の示準化石はどれ？

サンヨウチュウ　シジミ

用語
示準化石…化石を含む地層が堆積した年代を推定する手がかりとなる化石。

アンモナイト
フズリナ

Q24 電源の電圧は何 V？

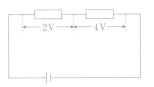

着眼点
直列回路では，電源の電圧は各部分に加わる電圧の和になる。

Q25 回路全体の抵抗の大きさは何Ω？

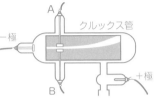

着眼点
$\dfrac{1}{R} = \dfrac{1}{R_1} + \dfrac{1}{R_2}$ または，オームの法則を使う。

Q26 抵抗 a～c のうち，4 V の電圧で発熱量が最大になるのはどれ？

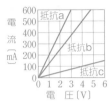

着眼点
発熱量は，電力に比例する。

Q27 電極板の＋極は，A，B のうちどちら？

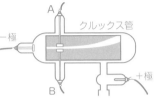

着眼点
電子線(陰極線)は－の電気をもった電子の流れである。

Q28 電流を流すと，方位磁針の針はどの方角に振れる？

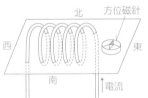

着眼点
右手の親指以外の 4 本の指を電流の向きに合わせてコイルをにぎると親指が磁界の向き。

Q29 上から S 極を近づけると検流計の針は＋，－どちらに振れる？

着眼点
磁界が変化すると電圧が生じて電流が流れる。

Q30 □□□ に入るのは何？

用語
化合物…2 種類以上の原子からできている物質。

Q31 炭酸水素ナトリウムの分解，試験管 A の口付近につく液体は何？

用語
分解…1 種類の物質が 2 種類以上の別の物質に分かれる化学変化。

Q32 マグネシウムの燃焼，化学反応式は？

用語
燃焼…物質が，光や熱を出しながら激しく酸化すること。

Q33 酸化銅の還元，□□□ に入るモデルは？

$$2CuO + C \longrightarrow 2Cu + \ ?$$

着眼点
酸化銅は還元されて，炭素は酸化される。

Q34 鉄と硫黄が結びつく化学変化は発熱反応・吸熱反応のどちら？

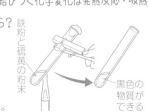

鉄粉と硫黄の粉末

黒色の物質ができる

着眼点
加熱をやめても反応が進む。

Q35 酸化銅で，銅と酸素の質量の比は何：何？

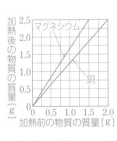

着眼点
酸化マグネシウムは，
マグネシウム：酸素
$= (1.5\,g) : (1.0\,g) = 3 : 2$

A25 12 Ω

・R_1, R_2 の抵抗を直列につないだときの回路全体の抵抗 R は、$R = R_1 + R_2$ となる。

A24 6 V

・直列回路の電流はどこも同じである。
・並列回路では、枝分かれしたあとの電流の和は、枝分かれする前の電流と等しい。また、電圧はどの部分も同じである。

A27 A

・電子線(陰極線)は−の電気をもった電子の流れなので、＋極に引きよせられる。

A26 抵抗a

・電力(W)＝電圧(V)×電流(A)
・熱量(J)＝電力(W)×時間(s)
・電力量(J)＝電力(W)×時間(s)

A29 ＋

・コイル内部の磁界が変化して電圧が生じる現象を電磁誘導といい、流れる電流を誘導電流という。
・誘導電流は、磁力が強いほど、コイルの巻数が多いほど大きい。

A28 東

・方位磁針のN極がさす向きを磁界の向きという。
・コイルに流れる電流の向きを逆にすると、磁界の向きも逆になる。
・電流を大きくしたり、コイルの巻数を多くすると磁界は強くなる。

A31 水

・炭酸水素ナトリウムを加熱すると、炭酸ナトリウム、水、二酸化炭素に分解される。 $2NaHCO_3 \longrightarrow Na_2CO_3 + H_2O + CO_2$
・加熱による分解を熱分解、電気による分解を電気分解という。

A30 単 体

・1種類の原子でできている物質を単体という。
・単体、化合物には、分子からできている物質と、分子からできていない物質がある。

A33

・酸化銅は水素でも還元できる。酸化銅は還元されて銅になり、水素は酸化されて水になる。 $CuO + H_2 \longrightarrow Cu + H_2O$

A32 $2Mg + O_2 \rightarrow 2MgO$

・マグネシウムと酸素が結びついて酸化マグネシウムができる。
・化学反応式では、矢印の右側と左側で、原子の種類と数は同じになる。

A35 4 : 1

・AとBの物質が反応するとき、AとBはつねに一定の質量の割合で反応する。

A34 発熱反応

・発熱反応ではまわりに熱を放出して温度が上がる。
・塩化アンモニウム＋水酸化バリウム──→塩化バリウム＋アンモニア＋水 の反応では、まわりから熱を吸収して温度が下がる。 ➡吸熱反応

A37 脊髄(せきずい)

・意識して起こす反応は，感覚器官→感覚神経（X）→脊髄（Y）→脳→脊髄（Y）→運動神経（Z）→筋肉　となる。

A36 D

・細胞膜（B），核（D）は植物の細胞にも動物の細胞にも共通して見られるつくりである。
・細胞壁（A），葉緑体（C），液胞（E）は植物の細胞に見られる。

A39 a

・酸素が多い血液を動脈血，二酸化炭素が多い血液を静脈血という。
・aは静脈血が流れる動脈（肺動脈），bは動脈血が流れる静脈（肺静脈）である。

A38 カ

・胃にはペプシンという消化酵素が含まれ，タンパク質を分解する。
・胆汁は消化酵素を含まないが，脂肪の消化を助ける。

A41 C

・力の大きさが同じとき，圧力は力がはたらく面積が小さいほど大きくなる。
・力がはたらく面積が同じとき，圧力は力の大きさに比例する。

A40 気孔(きこう)

・光合成や呼吸による酸素や二酸化炭素の出入り口，蒸散による水蒸気の出口となっている。
・孔辺細胞の形の変化で開いたり閉じたりする。

A43 ア

・風は気圧の高いほうから低いほうに向かって吹く。
・高気圧の中心付近では下降気流ができ，低気圧の中心付近では上昇気流ができる。

A42 Cの空気

・同じ気温の空気では，水蒸気量が小さいほど湿度は低くなる。
・気温が高いほど飽和水蒸気量が大きいので，同じ水蒸気量の空気では，気温が高いほど湿度は低くなる。

A45 エ

・寒冷前線は，寒気が暖気をおし上げて進み，積乱雲などができる。
・温暖前線は，暖気が寒気の上にはい上がって進み，乱層雲などができる。

A44 海風

・陸は海よりもあたたまりやすく冷めやすい。
・晴れた日の夜，海の気温より陸の気温のほうが低くなり，陸の上に下降気流ができて，陸から海に向かって陸風が吹く。

A47 A

・冬はシベリア気団（A）が発達し，西高東低の気圧配置になる。
・夏は小笠原気団（C）が発達し，南高北低の気圧配置になる。
・梅雨は，オホーツク海気団（B）と小笠原気団（C）がぶつかりあう。

A46 南西

・寒冷前線は温暖前線よりもはやく進むので，追いついて閉塞前線ができ，空気が一様となって温帯低気圧は消滅する。

○ **Q36** A～Eのうち, 染色液によく染まるつくりはどれ?

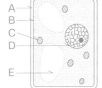

[着眼点]
植物の細胞にも動物の細胞にもある。

○ **Q37** 反射の経路のX→Y→Zで, Yは何?

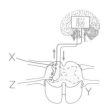

[着眼点]
X, Zは末しょう神経, Yは中枢神経の1つである。

○ **Q38** ア～コのうち, タンパク質を最初に消化する器官はどれ?

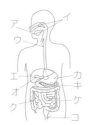

[着眼点]
デンプンは唾液中のアミラーゼ, 脂肪はすい液中のリパーゼで最初に消化される。

○ **Q39** a～dのうち, 最も二酸化炭素が多い血液が流れる血管はどれ?

[着眼点]
ガス交換が行われる器官から出てくる血液には酸素が最も多く含まれている。

○ **Q40** 葉の表皮にあるAのようなすきまを何という?

[着眼点]
2つの三日月形の孔辺細胞に囲まれたすきまで, 気体が出入りする。

○ **Q41** A～Cのうち, スポンジに加わる圧力が最も大きくなるのはどの面を下にしたとき?

[用語]
圧力…面を垂直におす単位面積あたりの力の大きさ。

○ **Q42** A～Dの空気のうち, 湿度が最も低いのはどれ?

[着眼点]
飽和水蒸気量に対する空気中の水蒸気量の割合が湿度である。

○ **Q43** ア～エのうち, 高気圧はどれ?

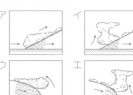

[着眼点]
北半球においては, 高気圧では風が右回りに吹き出し, 低気圧では風が左回りに吹き込む。

○ **Q44** 晴れた日の昼間に吹くのは何風?

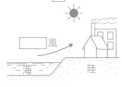

[着眼点]
陸の上に上昇気流が生じて海から陸に向かって風が吹く。

○ **Q45** ア～エのうち, 寒冷前線はどれ?

[着眼点]
寒冷前線は, 寒気が暖気をおし上げて進む。

○ **Q46** A地点の風向は, 北西, 南西のどちら?

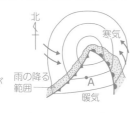

[着眼点]
温帯低気圧では, 左回りに風が吹き込む。

○ **Q47** A～Cのうち, 冬に発達する気団はどれ?

[着眼点]
Aは冷たく乾いた気団, Bは冷たく湿った気団, Cはあたたかく湿った気団である。

中**1・2**の**理科**
解答編

1 光・音の性質

本文 p.2

1 (1)反射　(2)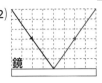

2 (1)実像
  (2)像の大きさ…同じ。
  　像の向き…上下左右が逆向き。
  (3) 12 cm
  (4)スクリーンの位置…凸レンズに
  　近くなる。
  　像の大きさ…小さくなる。

3 (1) B　(2) C

解説

1 光が鏡などの物体にあたってはね返ることを光の反射といい，入射角＝反射角とな

るように反射する。

2 (1)スクリーンにうつる像を実像という。
(2)・(3)実像は，実物と上下左右が逆となる。凸レンズの中心から焦点までの距離を焦点距離という。焦点距離の2倍の位置に物体があるとき，焦点距離の2倍の位置に実像ができる。このとき，像の大きさは実物と同じになる。
(4)物体が焦点距離の2倍より遠い位置にあるとき，像は焦点距離の2倍よりも内側にできる。また，像の大きさは実物よりも小さくなる。

3 (1)弦を強くはじくと，振幅が大きくなり，大きな音になる。
(2)弦の長さを長くすると，振動数が少なくなり，低い音になる。

POINT　焦点距離の2倍の位置にあるろうそくを凸レンズから遠ざけたときは，スクリーンを凸レンズに近づけると実像がはっきりとうつる。

2 力のはたらき

本文 p.4

1 (1)2.5 cm　(2)160 g
2 (1)重力　(2)垂直抗力(抗力)
  (3)つりあっている。
  (4)名称…摩擦力　向き…反対向き
3 (1)イ
  (2)①等しい　②反対　③一直線上

解説

1 フックの法則より，ばねの伸びはばねを引く力の大きさに比例する。
(1) 50 g の物体にはたらく重力の大きさは 0.5 N である。グラフより，ばね A は 0.2 N の力を加えると 1 cm 伸びるから，ばね A に 0.5 N の力を加えたときのばねの伸びを x 〔cm〕とすると，
　$1 : x = 0.2 : 0.5$　$x = 2.5$ 〔cm〕
(2)ばね B は 0.4 N の力を加えると 1 cm 伸び

るから，ばね B が 4 cm 伸びたときに加えた力の大きさを x 〔N〕とすると，
　$0.4 : x = 1 : 4$　$x = 1.6$ 〔N〕
加えた力の大きさが 1.6 N だから，おもりの質量は 160 g。

2 (1)重力は，地球がその中心に向かって物体を引く力である。
(2)垂直抗力は，面に接した物体が面から受ける力である。
(3)動かないで静止している本にはたらく重力と垂直抗力がつりあっている。
(4)摩擦力は，物体がふれあっている面と面との間で，加えられた力と反対向きに生じる。

3 (1)アは2力が一直線上にないので，回って止まる。ウは2力の大きさが異なるので，図の右方向に動く。

POINT　おもりにはたらく重力の大きさが，ばねを引く力の大きさである。また，ばねの伸びとばねを引く力の大きさは比例する。

3 身のまわりの物質

本文 p.6

1 (1) A…空気調節ねじ

　　 B…ガス調節ねじ

(2)イ　(3) A

2 (1)イ，オ　(2)金属　(3)ア，ウ

(4)有機物　(5)8.96 g/cm³

3 (1) B…上方置換法　C…水上置換法

(2) A…二酸化炭素　B…アンモニア

　　 C…酸素　D…水素

解　説

1 (2)空気調節ねじもガス調節ねじも，時計まわりに回すと閉まり，反時計まわりに回すと開く。

(3)ガスバーナーの炎は，空気調節ねじを開いて空気を入れると，青色になる。

2 (1)・(2)金属には，電気を通しやすい性質のほかに，熱を伝えやすい，みがくと金属光沢が出る，たたくとうすく広がる，引っ張ると細くのびるなどの性質がある。

(3)・(4)砂糖やプラスチックは炭素を含むので，燃やすと二酸化炭素が発生する。このような物質を有機物という。

(5) $\dfrac{448〔g〕}{50.0〔cm^3〕} = 8.96〔g/cm^3〕$

3 (1)水に溶けにくい気体は水上置換法，水に溶けやすく空気より密度が小さい(空気より軽い)気体は上方置換法，水に溶けやすく空気より密度が大きい(空気より重い)気体は下方置換法で集めることができる。

(2) 4 つの気体の中で，刺激臭がするのはアンモニア，非常に軽いのは水素である。残りの 2 つの気体の中で，水に少し溶けるのは二酸化炭素である。

POINT　水上置換法で集めると空気が混ざりにくいので，純粋な気体を集めることができる。

4 水溶液

本文 p.8

1 (1)溶質　(2)溶媒　(3)水溶液

(4)どこも同じ。(一様である。)

2 (1) A　(2)20 %　(3)12 %

3 (1)塩化ナトリウム　(2)硝酸カリウム

(3)蒸発皿にとり，加熱して水を蒸発させる。

解　説

1 (1)液体に溶けている物質を溶質という。

(2)溶質を溶かしている液体を溶媒という。

(3)溶質が溶媒に溶けている液を溶液といい，特に，溶媒が水である溶液を水溶液という。

(4)水溶液の濃さは一様である。

2 (1)砂糖水Aは，$\dfrac{80}{420 + 80}×100=16〔%〕$

砂糖水Bは，$\dfrac{60}{340 + 60}×100=15〔%〕$

(2) $\dfrac{80 + 25}{420 + 80 + 25}×100 = 20〔%〕$

(3) $\dfrac{60}{100 + 340 + 60}×100 = 12〔%〕$

3 (1) 20 ℃のときの溶解度は，ミョウバン約 11 g，硝酸カリウム約 32 g，塩化ナトリウム約 36 g である。

(2) 60 ℃と 40 ℃の溶解度の差は，ミョウバンは，55 － 24 = 31〔g〕，硝酸カリウムは，110 － 64 = 46〔g〕，塩化ナトリウムは，37 － 36 = 1〔g〕

(3)塩化ナトリウムの溶解度は水温によってほとんど変化しないので，溶液の温度を下げても結晶はわずかしか得られない。このような物質は，蒸発皿にとって加熱し，水を蒸発させて結晶をとり出す。

POINT　飽和水溶液の温度を下げると，下げる前後の温度での溶解度の差の分だけ結晶が得られる。

5 物質の状態変化

本文 p.10

1 (1)ふくらむ。

(2)あたためられたエタノールが気体になり，体積が大きくなったから。

2 (1)沸点 (2)変わらない。

3 (1)エタノール (2)水銀

4 (1)エタノール (2)蒸留

解説

1 液体があたためられると気体に変化する。エタノールが液体から気体に変化すると，体積が大きくなって，ポリエチレン袋がふくらむ。

2 (1)液体が沸騰して気体に変化するときの温度を沸点という。すべての液体が気体に変わるまで，温度は一定である。

(2)融点や沸点は，物質の種類によって決まっている。物質の量が変化しても，融点や沸点は変わらない。

3 (1)90℃のとき，水は液体，エタノールは気体，水銀は液体である。

(2)200℃のとき，水は気体，エタノールは気体，水銀は液体である。

4 (1)水とエタノールの混合物を加熱すると，沸点が低いエタノールが先に沸騰して気体に変わり，液体となって出てくるので，1本目の試験管にはエタノールが多く含まれていると考えられる。

(2)液体を加熱して沸騰させ，出てきた気体を冷やして再び液体にする方法を蒸留という。沸点のちがいを利用してエタノールと水を分けることができる。

POINT 物質が状態変化するときの融点や沸点は，物質の種類によって決まっている。

6 植物のつくり

本文 p.12

1 (1)A…接眼レンズ B…レボルバー

C…対物レンズ D…ステージ

E…反射鏡

(2)300倍

2 (1)A…めしべ B…おしべ

C…花弁 D…がく

E…胚珠 F…子房 G…胚珠

(2)種子…E，G 果実…F

(3)種子植物 (4)イ

3 (1)ア…側根 イ…主根 ウ…ひげ根

(2)B (3)根毛

(4)根と土のふれる面積が大きくなり，水や養分を吸収しやすくする。

解説

1 (2)接眼レンズの倍率×対物レンズの倍率で，顕微鏡の倍率が求められるので，顕微鏡の倍率は，15×20＝300〔倍〕

2 (1)被子植物の花は，外側から順に，がく，花弁，おしべ，めしべがある。めしべの根もとのふくらんだ部分が子房で，中に胚珠がある。図2はマツの雌花のりん片で，Gは胚珠である。

(2)受粉後，被子植物では，胚珠が種子に，子房が果実になるが，裸子植物であるマツでは，花に子房がないので果実はできない。

(4)サクラは被子植物で，イチョウ，ソテツ，スギは裸子植物である。

3 (2)トウモロコシの根はひげ根である。

(3)・(4)根の先端近くにある根毛は，根の表面積を広げるはたらきをもつため，水や水に溶けた養分を吸収しやすくなっている。

POINT 根の先端近くに根毛があることで，根の表面積が広くなり，水や水に溶けた養分を吸収しやすくなっている。

本文 p.14

1 (1) A…種子植物　B…被子植物

　　C…単子葉類　D…シダ植物

　(2)胞子　(3)ウ

2 (1)胎生　(2)ウ

　(3) A…両生類　B…ハ虫類

　　C…魚類　D…鳥類

　　E…ホ乳類

　(4)無セキツイ動物　(5)節足動物

　(6)イ，ウ

解説

1 (1)種子植物は被子植物と裸子植物に，被子植物は双子葉類と単子葉類に，種子をつくらない植物はシダ植物とコケ植物に分けられる。

(2)種子をつくらない植物は胞子でふえる。

(3)Dのシダ植物にあてはまるのはイヌワラビである。スギゴケはコケ植物，マツは裸子植物，アブラナは双子葉類である。

2 (1)子が母親の体内である程度成長してから生まれる生まれ方を胎生という。このような生まれ方をするのはホ乳類（E）だけである。

(2)Dは鳥類で，鳥類のからだは羽毛におおわれている。

(3)Aは子と親とで呼吸器官や生活場所が異なることから，両生類である。

(4)～(6)無セキツイ動物のうち，カニやトンボのようにからだが外骨格におおわれていて，からだやあしに節がある動物を節足動物といい，イカやアサリのようにからだとあしに節がなく，内臓が外とう膜に包まれている動物を軟体動物という。

POINT　魚類と両生類は，水中に殻のない卵を産み，ハ虫類と鳥類は陸上に殻のある卵を産む。

本文 p.16

1 (1)火山岩　(2) a…斑晶　b…石基

　(3)等粒状組織

2 (1)粘り気　(2) A

　(3)白っぽい色　(4)ウ

3 (1)震央

　(2) P波…8 km/s　S波…4 km/s

　(3)初期微動継続時間

　(4)震源からの距離が遠いほど初期微動継続時間は長くなる。

解説

1 (1)Aの岩石のつくりを斑状組織といい，火山岩のつくりである。

(2)大きな結晶aを斑晶，そのまわりの細かい粒の部分bを石基という。

(3)Bの岩石のつくりを等粒状組織といい，深成岩のつくりである。

2 (1)～(3)Aの火山はマグマの粘り気が強く，激しい噴火をする。また，溶岩の色は白っぽい。

(4)Bの形をした火山はマウナロアで，昭和新山はAの形，桜島はCの形をしている。

3 (1)震源の真上の地表の地点を震央という。

(2)地点A，Bの距離の差は，80－40＝40〔km〕 P波の到着時刻の差は5秒なので，P波の速さは，$\dfrac{40〔km〕}{5〔s〕} = 8〔km/s〕$　また，S波の到着時刻の差は10秒なので，S波の速さは，$\dfrac{40〔km〕}{10〔s〕} = 4〔km/s〕$

(3)P波が到着してからS波が到着するまでの時間を初期微動継続時間という。

(4)図から，初期微動継続時間は，震源から遠くなるほど長くなることがわかる。

POINT　マグマが地下深くでゆっくり冷え固まると等粒状組織になり，地表付近で急に冷え固まると，斑晶と石基をもつ斑状組織になる。

9 地層のようす

本文 p.18

1 (1) Q→P→R　(2) 60 m
　(3) かぎ層　(4) 古生代
　(5) 示準化石

2 (1) 断層（正断層）
　(2) 堆積したあと

解説

1 (1) 地層はふつう下の層ほど堆積した時代が古い。黒っぽい火山灰の層より下にあるQの層がいちばん古く，黒っぽい火山灰の層の上にあるPの層がその次に古く，Rの層がいちばん新しい。

(2) 地点Aの標高が55 mであることから，地点Aの黒っぽい火山灰の層の上面の標高は，55 － 7 ＝ 48〔m〕である。黒っぽい火山灰の層は同じ標高にあると考えられるので，地点Cの地表から12 mの深さにある黒っぽ

い火山灰の層の上面の標高も48 mである。よって，48 ＋ 12 ＝ 60〔m〕

(3) 図2のXの黒っぽい火山灰の層のように，離れた土地の地層のつながりを調べる手がかりとなる層をかぎ層という。また，化石を含む層もかぎ層となる。

(4)・(5) その化石を含む地層が堆積した年代を推定するのに役立つ化石を示準化石という。サンヨウチュウの化石は古生代の示準化石である。

2 (1) 大地に大きな力がはたらくことにより生じた地層のずれを断層という。図は両側に引く力がはたらいてできた断層で正断層という。

(2) Cの層も断層によってずれているので，X－Yのずれが生じた時期はCの地層が堆積したあとであるとわかる。

POINT　地層は，ふつう下の層ほど古い。また，柱状図は標高をそろえて考えるとよい。

10 電流のはたらき

本文 p.20

1 (1) X　(2) エ　(3) 1.50 A
　(4) 電流の大きさは電圧の大きさに比例する。
　(5) 10 Ω　(6) 2.0 A　(7) 600 J

2 (1) 電子線（陰極線）　(2) 電極 a

解説

1 (1) 電圧計ははかりたい部分に並列につなぐ。

(2) 電流計，電圧計のそれぞれの＋端子は電源装置の＋極側につなぐ。

(3) 5 Aの－端子を用いているので，上の目盛りを最小目盛りの10分の1まで読み取る。

(4) 電熱線などに流れる電流の大きさは，電熱線に加わる電圧の大きさに比例する。これを，オームの法則という。

(5) オームの法則　抵抗〔Ω〕＝ $\dfrac{電圧〔V〕}{電流〔A〕}$ より，

$$\frac{6〔V〕}{0.6〔A〕} = 10〔Ω〕$$

(6) それぞれの電熱線に加わる電圧の大きさは10 Vである。(5)より，電熱線の抵抗は10 Ωなので，それぞれの電熱線に流れる電流の大きさは，$\dfrac{10〔V〕}{10〔Ω〕} = 1.0〔A〕$

点eを流れる電流の大きさは，それぞれの電熱線を流れる電流の大きさの和に等しいので，1.0〔A〕＋1.0〔A〕＝ 2.0〔A〕

(7) 電力量〔J〕＝電力〔W〕×時間〔s〕より，10〔V〕× 1.0〔A〕× 60〔s〕＝ 600〔J〕

2 (1) クルックス管内に見られた光の筋は電子の流れで，電子線（陰極線）とよばれる。

(2) 電子は－極から＋極に向かって流れるので，電極aが－極，電極bが＋極である。

POINT　電流は＋極から－極に向かって流れ，電子は－極から＋極に向かって流れる。電流の向きと電子の流れる向きは逆向きである。

11 電流と磁界

本文 p.22

1 (1) Y

(2) 磁石のN極とS極を逆向きにする。

(3) 点P…ア　点Q…エ

2 (1) 誘導電流　(2) イ

3 (1) 交流　(2) 周波数

解説

1 (1) 導線をつなぎかえて, コイルに流れる電流の向きを逆にすると, 電流が磁界から受ける力の向きは逆になる。よって, コイルはYの向きに動く。

(2) 装置のつなぎ方は変えずに, 電流が受ける力の向きを逆にするには, 磁界の向きを逆にすればよい。

(3) 導線のまわりにできる磁界の向きは, 右ねじ を使って考える。右ねじが進む方向に電流の向きを合わせると, ねじを回す向きが磁界の向きになる。磁界の向きは方位磁針のN極がさす向きである。

2 (1) コイルの中の磁界が変化することで, コイルに電流を流そうとする電圧が生じる現象を電磁誘導といい, このとき流れる電流を誘導電流という。

(2) 誘導電流の向きは, 磁石をコイルに近づけるときと遠ざけるときで逆になるので, N極を遠ざけると, 検流計の針は左側に振れる。また, 磁石の極を逆にしたときも誘導電流の向きは逆になる。

3 (1) 周期的に電流の向きが変化する電流を交流という。

(2) 周波数の単位にはヘルツ(Hz)を使う。

POINT 磁界の向きと, 電流の向きを両方とも逆にすると, 力のはたらく向きは, もとの向きと同じになる。

12 物質と原子・分子

本文 p.24

1 (1) 原子　(2) 化合物

(3) ア, エ

(4) ① Ag　② Fe　③ H　④ O

(5) ① 硫黄　② ナトリウム

③ 塩素　④ 銅

2 (1) ① O_2　② H_2O

(2) ①

　②

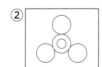

解説

1 (1) 物質をつくっている, それ以上分けることのできない最小の粒子を原子という。

(2) 純粋な物質は, 1種類の原子からできている単体と, 2種類以上の原子が結びついてできている化合物に分けられる。

(3) 水, 二酸化炭素, 塩化ナトリウム, 酸化鉄は 化合物である。このうち, 分子からできている物質は水と二酸化炭素である。酸素と銅は単体で, 酸素は分子からできているが, 銅は分子からできていない。食塩水, 空気は混合物である。

2 (1) ① 酸素原子が2個結びついた酸素分子で, 化学式は O_2 である。

② 酸素原子1個と水素原子2個が結びついた水分子で, 化学式は H_2O である。

(2) ① 二酸化炭素は, 炭素原子1個と酸素原子2個が結びついて分子をつくっている。化学式は CO_2 である。

② アンモニアは, 窒素原子1個と水素原子3個が結びついて分子をつくっている。化学式は NH_3 である。

POINT 原子は, それ以上分けることができない最小の粒子で, 種類によって質量や大きさが決まっている。また, 化学変化で新しくできたり, 種類が変わったり, なくなったりしない。

13 化学変化による物質の変化

本文 p.26

1 (1)水に電流を通しやすくするため。
　(2)水素
　(3)$2H_2O \longrightarrow 2H_2 + O_2$

2 (1)$2Mg + O_2 \longrightarrow 2MgO$
　(2)○
　(3)$2Ag_2O \longrightarrow 4Ag + O_2$
　(4)$2CuO + C \longrightarrow 2Cu + CO_2$

3 (1)つかない。　(2)FeS
　(3)水素　(4)発熱反応

解　説

1 (1)純粋な水は電流が流れにくいため，水酸化ナトリウムを溶かして，電流を通しやすくする。
　(2)マッチの火を近づけたとき，燃える気体は水素である。電極A(陰極)からは水素，電極B(陽極)からは酸素が発生する。

(3)電気分解によって，水は水素と酸素に分解される。

2 (1)左辺の酸素は酸素分子(O_2)で表す。
(3)銀原子の数が左辺に4個，右辺に1個と違うので，右辺の銀原子に係数4をつけて合わせる。
(4)銅原子の数が左辺に2個，右辺に1個と違うので，右辺の銅原子に係数2をつけて合わせる。

3 (1)・(2)鉄と硫黄が結びついて硫化鉄(FeS)ができる化学変化である。硫化鉄は黒色で磁石にはつかない。
(3)加熱前の鉄と反応して，水素が発生する。
(4)この実験では，いったん反応が始まると，反応によって生じた熱で次々に反応が進む。このように，化学変化によって熱を発生し，温度が上がる反応を発熱反応という。

POINT　酸素と結びつく化学変化を酸化といい，光や熱をともなう激しい酸化を燃焼という。

14 化学変化と質量の関係

本文 p.28

1 (1)二酸化炭素
　(2)ウ　(3)ア
　(4)発生した二酸化炭素が空気中に出ていったから。

2 (1)0.3 g
　(2)銅：酸素 = 4：1
　(3)3.6 g　(4)0.3 g

解　説

1 (1)石灰石にうすい塩酸を加えると，二酸化炭素が発生する。
(2)ふたをして容器が密閉された状態では，物質の出入りがないので，反応前後で質量は変化しない。
(3)・(4)容器のふたを開けると，反応で発生した気体(二酸化炭素)が空気中に出ていく。出ていった気体の分だけ質量が減少するので，上

皿てんびんは右に傾く。
2 (1)図2より，1.2 gの銅を加熱すると，1.5 gの酸化銅が得られる。銅と反応した酸素の質量は，1.5 − 1.2 = 0.3〔g〕
(2)(1)より，1.5 gの酸化銅に含まれる銅と酸素の質量の比は，
　銅：酸素 = 1.2：0.3 = 4：1
(3)銅と酸化銅の質量の比は，
　4：(4 + 1) = 4：5　4.5 gの酸化銅を得るのに必要な銅の質量をx〔g〕とすると，
　x：4.5 = 4：5より，x = 3.6〔g〕
(4)銅と反応した酸素の質量は，
　2.8 − 2.3 = 0.5〔g〕　0.5 gの酸素と反応する銅の質量をx〔g〕とすると，
　x：0.5 = 4：1より，x = 2.0〔g〕
　よって，反応せずに残っている銅の質量は，
　2.3 − 2.0 = 0.3〔g〕

POINT　化学変化において，物質の出入りがなければ，質量保存の法則がつねになりたつ。

15 生物と細胞，刺激と反応

本文 p.30

1 (1)植物 (2)D，E
(3)液胞（えきほう） (4)核（かく）
(5)細胞（さいぼう）の呼吸

2 (1)A…エ B…ウ C…イ
(2)末しょう神経 (3)反射

3 (1)d (2)感覚器官

解説

1 (1)・(2)植物の細胞と動物の細胞に共通のつくりは細胞膜（さいぼうまく）（D），核（E）である。図の細胞は，葉緑体（A），細胞壁（さいぼうへき）（B），液胞（C）が見られるので，植物の細胞である。

(3)液胞（C）は成長した植物の細胞によく見られ，養分をたくわえたり，不要な物質を分解したりする。

(4)核（E）は，酢酸（さくさん）オルセイン液などの染色液（せんしょくえき）によく染まる。

(5)細胞が酸素や栄養分から，生きるためのエネルギーをとり出し，二酸化炭素を放出するはたらきを細胞の呼吸という。このとき水もできる。

2 (1)脊髄（せきずい）（A）は，感覚神経（C）から伝えられた刺激（しげき）の信号を脳へ伝達し，脳で出された命令の信号を運動神経（B）に伝えるはたらきをもつ。

(2)脳や脊髄からなる神経を中枢（ちゅうすう）神経といい，中枢神経から枝分かれした，運動神経（B）と感覚神経（C）などを末しょう神経という。末しょう神経は全身に広がっている。

3 (1)光の刺激を受けとるのは，網膜（もうまく）（d）である。図のbは虹彩（こうさい），cはレンズ（水晶体），fは視神経である。

(2)目や耳，鼻，舌，皮膚（ひふ）のように，外界からの刺激を受け取る器官を感覚器官という。

POINT ある刺激に対して，無意識に起こる反応を反射という。反射は，脳が判断しないので，刺激を受けてから反応までの時間が短い。

16 消化と吸収

本文 p.32

1 (1)ベネジクト液
(2)デンプンを麦芽糖（ばくがとう）などに変えるはたらき。
(3)消化酵素（こうそ）
(4)アミラーゼ

2 (1)A…食道 D…大腸
(2)ア (3)柔毛（じゅうもう）
(4)ア，エ

解説

1 (1)・(2)デンプン溶液（ようえき）にうすめた唾液（だえき）を混ぜた液体にベネジクト液を加えて加熱すると，赤褐色（せきかっしょく）の沈殿（ちんでん）ができたことから，麦芽糖などが生じていることがわかる。

(3)消化液に含まれる，食物の栄養分を分解する物質を消化酵素という。

(4)唾液に含まれる消化酵素はアミラーゼで，デンプンを麦芽糖などに分解する。

2 (1)口から食道（A），胃（B），小腸（C），大腸（D）を通って肛門（こうもん）まで続く食物の通り道を消化管という。

(2)胃液に含まれる消化酵素はペプシンで，タンパク質を分解する。分解された物質は，その後すい液中のトリプシンや小腸の壁（かべ）の消化酵素などのはたらきにより，最終的にアミノ酸にまで分解される。

(3)小腸（C）の内部は，柔毛という無数の突起（とっき）でおおわれている。このため，表面積が非常に大きく，栄養分を効率的に吸収できる。

(4)ブドウ糖やアミノ酸は，柔毛で吸収されて毛細血管に入り，肝臓（かんぞう）を通って全身に運ばれる。脂肪酸（しぼうさん）とモノグリセリドは，柔毛に吸収されたあと，再び脂肪となってリンパ管に入り，やがて血管と合流する。

POINT 消化酵素は，はたらく物質が決まっており，体温付近の温度で最もよくはたらく。

17 呼吸と血液の循環

本文 p.34

1 (1)ウ　(2)ふくらむ

(3)ア　(4)肺胞（はいほう）

(5)ガス交換（こうかん）を効率よく行うことができる。

2 (1)A…右心房（うしんぼう）　D…左心室

(2)肺循環（はいじゅんかん）　(3)動脈血

(4)イ

解　説

1 (1)図 1 のガラス管はヒトの気管，ゴム風船は肺，ゴム膜（まく）は横隔膜（おうかくまく）にあたる。

(2)ゴム膜についたひもを下に引くと，ゴム膜が下がり，容器内の体積が大きくなるため，ガラス管から空気が吸い込まれ，ゴム風船はふくらむ。

(3)ヒトが息をはくときには，横隔膜が上がり，ろっ骨が下がって，胸腔（きょうこう）がせまくなり，空気

がはき出される。

(4)・(5)気管支の先は肺胞（X）とよばれる小さな袋（ふくろ）が多数集まったつくりとなっている。このため，表面積が非常に大きくなり，ガス交換を効率よく行うのに都合がよいつくりになっている。

2 (1)ヒトの心臓は右心房（A），左心房（B）という 2 つの心房と，右心室（C），左心室（D）という 2 つの心室からなる。

(2)心臓から肺に送られて心臓にもどる，右心室（C）→肺動脈→肺→肺静脈→左心房（B）という血液の流れを肺循環という。

(3)肺静脈を流れる血液は，肺でガス交換を終えた酸素を多く含む血液で，動脈血である。静脈血は二酸化炭素を多く含む。

(4)酸素は，赤血球に含まれるヘモグロビンのはたらきによってからだの各部に運ばれる。

> POINT　血液の循環には，体循環と肺循環の 2 つがある。それぞれの流れを覚えておこう！

18 植物のはたらきと光合成

本文 p.36

1 (1)A…師管　B…道管　(2)A

(3)維管束（いかんそく）　(4)単子葉類

2 (1)細胞（さいぼう）　(2)葉緑体　(3)気孔（きこう）

(4)蒸散

3 (1)A…二酸化炭素　B…酸素

(2)B　(3)光合成　(4)イ

解　説

1 (1)・(2)道管（くだ）は茎の維管束の中心側にあり，師管は茎の外側のほうにある。吸い上げた水が通るのは道管である。葉でつくられた栄養分は師管を通る。

(3)道管と師管が集まった束をまとめて維管束という。

(4)茎の横断面で，維管束が全体に散らばっているのは単子葉類，輪のように並んでいるのは双子葉類（そうしよう）。

2 (1)生物のからだをつくる小さな部屋のようなものを細胞という。

(2)葉の細胞には，葉緑体という緑色の粒（つぶ）がある。

(3) 2 つの孔辺細胞（こうへん）に囲まれたすきまを気孔という。気孔は，酸素や二酸化炭素の出入り口，水蒸気の出口になっている。

(4)根から吸い上げられた水が水蒸気になって出ていく現象を蒸散という。

3 (1)植物などの細胞に見られる葉緑体が光を受けると，光合成が行われる。光合成を行うには，二酸化炭素と水が必要である。

(2)植物が呼吸するとき，光合成とは逆に酸素（B）をとり入れて，二酸化炭素（A）を出している。

(3)植物は，光のあたる昼間は，呼吸よりも光合成を盛んに行う。

(4)植物は，光のあたらない夜は呼吸だけを行う。

> POINT　葉緑体が光を受けると，光合成が行われ，二酸化炭素と水からデンプンなどの栄養分と酸素がつくられる。

19 気象観測と天気の変化

本文 p.38

1 (1)記号…C　圧力…300 Pa

(2)スポンジに接する面積が小さい
（大きい）ほど，スポンジがへこ
む深さは大きく（小さく）なる。

2 55 ％

3 (1)ウ　(2)寒冷前線　(3)ウ

(4)気温は下がり，風向は北よりに
変わる。

解説

1 (1)スポンジに接する面積が小さいほど，ス
ポンジのへこみは深くなる。600 g の物
体にはたらく重力の大きさは 6 N だから，

圧力は，$\dfrac{6 \text{〔N〕}}{0.1 \times 0.2 \text{〔m}^2\text{〕}} = 300 \text{〔Pa〕}$

(2)圧力が大きいほど，スポンジのへこみは深く
なる。

2 公式を用いて求める。

$$湿度〔\%〕 = \dfrac{空気 1 \text{m}^3 中に含まれている水蒸気量〔g/m}^3\text{〕}}{その気温での飽和水蒸気量〔g/m}^3\text{〕}} \times 100$$

$\dfrac{12.8}{23.1} \times 100 = 55.4\cdots$ より，55 ％

3 (1)北半球の低気圧では，地上付近で左回り
に風が吹きこみ，中心付近で上昇気流が発
生するため，雲ができやすい。北半球の高
気圧では，地上付近で右回りに風が吹き出
し，中心付近で下降気流が発生する（**ア**）。

(2)・(3)Aの前線は寒冷前線で，寒気が暖気の下
にもぐり込み，暖気をおし上げるように進む。
Bの前線は温暖前線で，暖気が寒気の上をは
い上がるようにして進む。

(4)寒冷前線が通過したあとは，寒気におおわ
れるので気温が下がり，風向は南よりから北よ
りに変わる。

POINT 寒冷前線付近では積乱雲が発達し，狭
い範囲に激しい雨を短時間降らせる。

20 日本の天気

本文 p.40

1 (1) A …シベリア気団
B …オホーツク海気団

(2)イ　(3)C

2 (1)西高東低

(2)エ　(3)ア

(4)移動性高気圧

(5)西から東に移り変わる。

(6)台風

解説

1 (1)図のAはシベリア気団，Bはオホーツク
海気団，Cは小笠原気団である。

(2)・(3)小笠原気団は，あたたかく湿った気団で，
夏に発達し，日本に蒸し暑い天気をもたらす。
シベリア気団は冷たく乾いた気団で，冬に発
達する。オホーツク海気団は冷たく湿った気
団である。日本付近で，オホーツク海気団と

小笠原気団がぶつかり合い停滞前線ができる
と雨の日が続く。

2 (1)・(2)図 1 は日本の西のユーラシア大陸
に高気圧，日本の東の海上に低気圧が発達
した，西高東低の典型的な冬型の気圧配置
である。このため，冬には，気圧の高い大
陸から気圧の低い海洋へと北西の冷たい季
節風が吹く。

(3)～(5)図 2 は，移動性高気圧と低気圧が交互
に日本付近を通過する，春の天気図である。
移動性高気圧や低気圧は，偏西風の影響を受
けて西から東へ交互に移動していく。このた
め，春の天気は周期的に変わることが多い。

(6)熱帯低気圧のうち，中心付近の最大風速が
17.2 m/s 以上のものを台風という。台風は
前線をともなわない。偏西風の影響を受けて，
中緯度で進路を東向きに変えることが多い。

POINT 日本付近の天気は，偏西風の影響で西
から東へ移り変わることが多い。

11

中学1・2年の総復習テスト ①

本文 p.42〜43

1 (1) 焦点

(2)

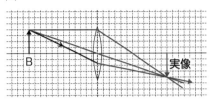

(3) (例) 光源より小さい像が少しずつ大きくなっていき，光源がBの位置のとき，光源と同じ大きさの像ができる。

(4) 虚像

2 (1) X…葉緑体　Y…デンプン

(2) ① イ

② (例) 光をあてただけでは，BTB溶液の色は変化せず，オオカナダモのはたらきによって，溶液の色が変化したことを確認するため。

(3) 呼吸

解説

1 (1) 光軸に平行に入射した光は，凸レンズで屈折して，光軸上の1点に集まる。この点を焦点という。焦点は凸レンズの両側にある。

(2) Bの位置にある光源から出て光軸に平行に入った光は，凸レンズで屈折したあと，焦点を通って直進する。また，Bの位置にある光源から出て凸レンズの中心に入った光は，そのまま直進する。光源から出た線分Pで示される光も，凸レンズで屈折したあと，上記の2つの光の道筋の交点を通るように直進する。これら3つの光の道筋の交点が，実像の先端になる。実像は実物と上下左右が逆向きになる。

(3) 光源がAの位置にあるとき，スクリーン上には実物より小さい実像ができる。光源をCに向かって動かしていくと，スクリーン上にで

きる実像は少しずつ大きくなっていき，光源が焦点距離の2倍の位置（Bの位置）にきたとき，スクリーン上には実物と同じ大きさの実像ができる。その後，光源をCの位置まで動かしていくと，スクリーン上にできる実像はさらに少しずつ大きくなっていく。

(4) 光源を凸レンズと凸レンズの焦点の間にすると，スクリーンをどの位置にしても実像はうつらず，スクリーン側から凸レンズを通して虚像を見ることができる。虚像は実物と同じ向きに実物より大きく見える。

POINT　焦点距離の2倍の位置に光源があるとき，焦点距離の2倍の位置に上下左右が逆向きで，光源と同じ大きさの実像ができる。

2 (1) 光を十分にあてることで，オオカナダモの葉緑体で光合成が行われ，デンプンなどの栄養分がつくられる。デンプンはヨウ素液によって青紫色に染まる。

(2) ① BTB溶液は，酸性で黄色，中性で緑色，アルカリ性で青色を示す。二酸化炭素は水に溶けると酸性を示すので，二酸化炭素が多くなると溶液の色は黄色に近づき，二酸化炭素が少なくなると青色に近づく。息を吹き込んで緑色にした三角フラスコAの溶液が緑色から青色に変化したことから，オオカナダモの光合成によって，溶液中の二酸化炭素が少なくなったことがわかる。

② オオカナダモを入れていない三角フラスコBを用意するのは，光をあてただけではBTB溶液の色は変化しないこと，三角フラスコAの溶液の色の変化は，オオカナダモのはたらきによるものであることを確認するためである。

(3) 光があたらないところでは，オオカナダモは光合成を行わず，呼吸だけを行う。このため，三角フラスコAでは，オオカナダモの呼吸によって溶液中の二酸化炭素が多くなり，溶液は青色から緑色になった。

POINT　オオカナダモを入れない三角フラスコを用意したように，調べたいことがら以外の条件を同じにして行う実験を対照実験という。

中学1・2年の総復習テスト ②

本文 p.44〜45

1 (1)エ

(2)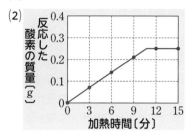

(3)イ　(4)$2Cu + O_2 \longrightarrow 2CuO$

(5)オ

2 (1)寒冷前線　(2)ア

(3)ウ

(4)**時刻…14 時**

水蒸気の質量…5.1 g

(5)**あ…シベリア高気圧**

い…移動性高気圧

う…偏西風

解説

1 (1)銅の粉末をステンレス皿にうすく広げて加熱することで，銅と酸素のふれる面積が大きくなって，銅と酸素が結びつきやすくなる。

(2)銅と反応した酸素の質量は，ステンレス皿の中の物質の質量(g)−加熱前の銅の粉末の質量(1.00 g)で求められる。銅と反応した酸素の質量は 0.25 g から増加していないことに注意する。

(3)加熱時間 3 分のときの銅と反応した酸素の質量は，1.07 − 1.00 = 0.07〔g〕　1.00 g の銅と反応した酸素の質量は，0.25 g なので，0.07 g の酸素と反応した銅の質量を x〔g〕とすると，$x : 0.07 = 1.00 : 0.25$ より，$x = 0.28$〔g〕　よって，$\dfrac{(1.00-0.28)〔g〕}{1.00〔g〕} \times 100 = 72$〔%〕より，まだ酸化されていない銅の質量は，もとの銅の質量の 72 % である。

(4)銅と酸素が反応して酸化銅ができる。化学反応式では，左辺と右辺で原子の種類と数が同じになる。

(5)実験1より，銅と酸素が反応するときの質量の比は，銅：酸素 = 1.00：0.25 = 4：1　実験2より，金属 X と酸素が反応するときの質量の比は，

金属 X：酸素 = 1.00：0.67 ≒ 3：2

よって，酸素：銅：金属 X = 2：8：3

POINT　化学反応式では，$\longrightarrow$ の左側と右側で，原子の種類と数が等しくなる。

2 (1)低気圧からのびる A の前線を寒冷前線という。

(2)寒冷前線は，寒気が暖気の下にもぐり込み，暖気をおし上げるようにして進むので，X 側の寒気が Y 側の暖気の下にもぐり込んでいるものを選ぶ。

(3)寒冷前線付近では，短時間に強い雨が降り，通過後は，気温が急に下がり，風向が北より に変わる。表の観測結果では雨は降っていないが，気温と風向の変化から，14 〜 16 時に寒冷前線が通過したと考えられる。

(4)14 時の飽和水蒸気量は 14.5 g/m³，湿度は 35 % なので，14 時の 1 m³ の空気に含まれる水蒸気の質量は，$14.5 \times \dfrac{35}{100} = 5.075$〔g〕

20 時の飽和水蒸気量は 6.6 g/m³，湿度は 65 % なので，20 時の 1 m³ の空気に含まれる水蒸気の質量は，$6.6 \times \dfrac{65}{100} = 4.29$〔g〕

よって，14 時のほうが大きい。

(5)春になると，シベリア高気圧の勢力が弱まるため，ユーラシア大陸の南東部で発生した低気圧と移動性高気圧が，中緯度帯の上空に吹く偏西風にのって日本列島付近を交互に通過する。このため，春は晴れたりくもったりと，周期的に天気が変わりやすい。また，日本付近の天気は，偏西風の影響で西から東に移り変わることが多い。

POINT　寒冷前線付近では上昇気流にのって積乱雲が発達し，短時間に強い雨が降る。寒冷前線通過後は，気温が急に下がり，風向が北より に変わる。

1 (1)イ，エ
(2)水上置換法
(3)(例)二酸化炭素が溶けているから。

2 (1)B，C　(2)エ
(3)ヘモグロビン
(4)(例)アンモニアは，肝臓で尿素に変えられたあと，腎臓で血液中からとり除かれ，尿として排出される。

3 (1)エ　(2)断層
(3)震央
(4)① ウ　② a…長い　b…長い

4 (1)50 Ω
(2)

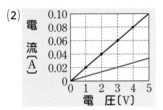

(3)ウ，イ，ア，エ
(4)ア
(5)(例)コイルの巻数を多くする，棒磁石をはやく動かす(など)

解説

1 (1)2種類以上の原子が結びついてできた物質を化合物という。アンモニア(NH₃)と硫酸バリウム(BaSO₄)は化合物である。塩素(Cl₂)と銅(Cu)は，1種類の原子でできている単体である。
(2)図1のような気体の集め方を水上置換法という。二酸化炭素は水に少し溶け，空気より密度が大きいので，下方置換法で集めることができるが，水に少し溶けるだけなので，水上置換法でも集めることができる。
(3)石灰水が白く濁ったことから，ペットボトルの水には二酸化炭素が溶けていることがわか

る。二酸化炭素を集めたペットボトルを激しく振ってペットボトルがつぶれたのは，二酸化炭素が水に溶けて，ペットボトル内の気圧が低くなったためである。

2 (1)Aは右心房，Bは右心室，Cは左心室，Dは左心房である。心臓は，
　　心房が広がって心房に血液が流れ込む
　→心房が収縮して心室に血液が流れ込む
　→心室が収縮して血管へ血液が流れ出る
　のように動く。心臓から血管へ血液を送り出すときに収縮するのは心室である。
(2)心臓から送り出される血液が流れる血管を動脈といい，心臓にもどってくる血液が流れる血管を静脈という。また，酸素を多く含む血液を動脈血といい，二酸化炭素を多く含む血液を静脈血という。アは大静脈，イは大動脈，ウは肺動脈，エは肺静脈で，エの肺静脈は，肺からもどってくる血液が流れているので，酸素を多く含む動脈血が流れている。
(3)ヘモグロビンは，酸素の多いところでは酸素と結びつき，酸素の少ないところでは酸素をはなす性質をもっており，全身に酸素を運ぶはたらきをする。
(4)体内に多く蓄積すると有害なアンモニアは，血液にとり込まれて肝臓に運ばれ，肝臓で無害な尿素に変えられる。尿素は腎臓に運ばれて血液中からとり除かれ，尿となる。尿は輸尿管を通ってぼうこうに一時的にためられ，体外に排出される。

3 (1)日本列島では，海洋プレートが大陸プレートに向かって移動している。
(2)プレートの移動により大きな力が加わることによってできた大地のずれを断層という。
(3)震源の真上の地表の点を震央という。
(4)①観測点にP波が届くまでの時間は，
9時35分20秒－9時34分55秒より，
25秒なので，観測点の震源からの距離は，
図より150 kmである。震源までの距離が150 kmのとき，S波が届くまでにかかる時間は47秒なので，観測点にS波が届く時刻は，9時34分55秒の47秒後の9時35分42秒である。

4 (1)オームの法則より，抵抗〔Ω〕＝ $\dfrac{電圧〔V〕}{電流〔A〕}$

したがって，$\dfrac{5〔V〕}{0.1〔A〕}$ ＝ 50〔Ω〕

(2)抵抗器Bの大きさは，50 × 2 ＝ 100〔Ω〕なので，ウの回路全体の抵抗の大きさは，50 ＋ 100 ＝ 150〔Ω〕　抵抗が抵抗器Aの3倍の大きさになるので，同じ大きさの電圧を加えたときの電流の大きさが $\dfrac{1}{3}$ になるグラフを描く。

(3)エは並列回路なので，回路全体の抵抗の大きさは，$\dfrac{1}{R}＝\dfrac{1}{50}＋\dfrac{1}{100}$ より，R＝33.3…〔Ω〕

抵抗が大きいほど流れる電流の大きさは小さくなるので，電流計の示す値は小さいほうから順に，**ウ，イ，ア，エ**となる。

(4)誘導電流の流れる向きは，N極を遠ざけるときもS極を近づけるときも，N極を近づけたときの逆になる。

(5)誘導電流を大きくするには磁界の変化を大きくすればよい。磁力の強い磁石を用いる方法のほかに，コイルの巻数を多くする，棒磁石をはやく動かすといった方法がある。

POINT　誘導電流は磁界の変化が大きいほど大きくなる。